今日から使えるフーリエ変換　普及版

式の意味を理解し、使いこなす

三谷政昭　著

本書は 2005 年 1 月，小社より刊行した
『今日から使えるフーリエ変換』を
新書化したものです。

装幀／芦澤泰偉・児崎雅淑
カバーイラスト／中村純司
本文デザイン／齋藤ひさの（STUDIO BEAT）
本文イラスト／三谷美笑玄

普及版によせて

　今をときめく，賢く便利な人工知能（AI）ネットワークと称する高度な情報化社会にどっぷりと浸かってスイスイ生きているみなさ～ん！

　本書を手にとってくださり，ありがとう。

　本書は，14年前の2005年に出版した『今日から使えるフーリエ変換』を新書化したものである。14年というと，「オギャー」と産まれてきた赤ん坊が中学2年生になるくらいの時間だ。男の子ならば，おそらく声変わりを終えたころだろうか。

　2005年といえば，AIの権威でレイ・カーツワイルという人が「シンギュラリティ（技術的特異点）」という概念を提唱した年。現在のAIブームが産声をあげた年とされることも多い。その後のAIの発展は，将棋や囲碁のトッププロ棋士を負かすまでになった。

　そのようなわけで，いささか気が引けるが，我が『今日

から使えるフーリエ変換』はAIブームとともに歩んできた……，なんて主張はコジツケだろうか。

しかし，フーリエ変換とAIの関係はコジツケではない。なにしろ，身近なところで，防犯カメラ，クルマの自動運転，顔画像認識，……と，ありとあらゆる場面でAIとフーリエ変換は獅子奮迅の大活躍だ。

「世の中はフーリエ変換に支えられている」

AIがどんなに進化しようとも，フーリエ変換の重要性は14年前からまったく下がっていない。ということは，本書の価値も最初の刊行当時からまったく下がっていないし，ますます増大している，と言っていいだろう。

将来はAI研究の最前線で活躍したいというあなたには，本書でフーリエ変換を身につけておくことをお勧めする。情報通信技術の開発や量子コンピュータの研究にも，フーリエ変換は必須だ。いや，あらゆる分野において，理系，文系を問わず，すべての人間にとって，本書が必読書になるのではないか，とまで思っている。

難しいことを最大限にわかりやすく説明することを心がけ，フーリエ変換のもつ類いまれな優れた能力をお伝えする。できる限り多くの読者のみなさんの知的好奇心をくす

ぐって刺激し，より興味をもってもらえるきっかけになれば大変うれしく，筆者冥利(みょうり)につきる。

　そうそう，冒頭で「声変わり」に触れたが，私たちが男の子の声色(こわいろ)の変化に気がつけるのは，私たちの耳と脳（聴覚）が「フーリエ変換装置」である証拠だ。
　どういうことか気になってきたでしょう？
　そろそろページをめくる頃合いです。
　終わりに，本書の刊行に際し，（株）講談社サイエンティフィクの渡邉拓氏には，原稿編集など，多岐にわたって大変お世話になりましたこと，ここに特記して感謝の意を表します。

　2019年3月

三谷政昭

まえがき

『今日から使えるフーリエ変換』という表題は，本書の意図をあますところなくいい表している。つまり，フーリエ変換のもつ心というものを，読者のみなさんが理解し，納得して，

**だれもが，いつでも，どこでも，
何にでもフーリエ変換を使える**

ようになっていただきたいというのが，「今日から使える」と謳う理由なのだ。筆者のこの気持ちが，本書を執筆する原動力となっている。

フーリエ変換というものを一言で表現すると，**あるひとつの複雑な波を，わかりやすいいくつかの単純な波に分解すること**である。

フーリエ変換の応用分野は，経済，医療，交通，制御，通信，化学，電気，機械，……などなど，実に幅広い。たと

えば，脳波や心電図などの生体信号を分析することで，病気の診断ができる。音声や画像などデータ信号のフーリエ変換をもとに，声紋分析や，画像のデータ圧縮なども可能になる。経済予測もしかり，ロボット制御や天気予報もしかり。

　まさに，フーリエ変換なくしては現代の文明が成り立たない——という言い回しも，決して誇張ではない。私たちの日々の生活は，フーリエ変換によって形作られ，支えられているといっても過言ではないのだ。

　ところが，である。必要に迫られ，いざ発奮してフーリエ変換を身につけようとしても，積分記号（$\int$）などが入り乱れる高等数学の袋小路に迷い込んでしまって，とたんに途方に暮れてしまう人々があとを絶たない。物理的イメージをしっかりとつかんでさえいれば，フーリエ変換ほど実用上に重宝な道具(ツール)もないのだが，数学的な装いのために，何やらただ難解なものとして初心者には敬遠されているのが，残念な現状だ。

　本書は，こうした現状に楔(くさび)を打ち込み，フーリエ変換の世界に大いなる一歩を踏み出してもらうためのものだ。そのために，従来の解説書には見られなかった，いろいろな

工夫を施すようにした。

　フーリエ変換について回る積分も，序盤はすべて四則演算（+, −, ×, ÷）に置き換え，それこそ<u>中学生程度の数学知識でフーリエ変換の気持ちがわかる</u>ように配慮した（できれば，ぜひ手を動かして実際に計算していただくと，その努力はあとあと実を結ぶことになるだろう）。ほかにも，虚数・複素数をはじめ，フーリエ変換の前提となる数学的なテクニックは多種あるが，それらの説明ができるだけ難解にならないように，全編にわたって注意を払ったつもりである。

　そうした説明の一助として，各所に「ビストロ・フーリエ亭」のシェフ兼ソムリエ，「フーリエさん」にご登場いただいた。お客様との<u>軽妙な会話を通して，フーリエ変換の基礎知識が得られる</u>仕組みだ。物理現象を料理にたとえるなら，フーリエ変換は絶妙な調理術ともいえるのだが，その極意を，じっくりと味わってみてもらいたい。

　満を持して世に問う自信作の本書が出版される運びとなり，まことに感無量。本書をきっかけとして，みなさんが携(たずさ)わるいろいろな分野の発展のために，フーリエ変換を使いこなしていただければ幸いである。

随所にある手描きの楽しい挿し絵は，筆者の妻で自称キッチン・イラストレータ＆書道家の三谷美笑玄（雅号）の手による。二人三脚でやっとこさ完成にこぎつけた苦心作で，今度こそ億万長者になれるぞと，二人で不遜なもくろみを抱いてはいるが，果たしてどうなることやら。

　最後に，本書をまとめるにあたり，内容構成や表現上の適切なアドバイスとともに，何かとご面倒をお掛けしたうえに手助けしていただいた（株）講談社サイエンティフィクの出版部・慶山篤氏に対し，心より感謝の意を表します。

　そして，読者のみなさんには乞うご期待……といったところで，失礼。

2004年11月

三谷政昭

『今日から使えるフーリエ変換 普及版』

もくじ

普及版によせて ……………………………………………………………………… 3

まえがき ……………………………………………………………………………… 6

序章 ソムリエ, フーリエさんの多彩なテクニック …… 15

序章1 フーリエ変換はテイスティングがお得意 …… 16

序章2 ワインの混ざり物を取り除くには …… 21

序章3 ワインの味を個人の嗜好に合わせるには …… 25

第1章 フーリエ変換を初体験しよう！
フーリエ変換への誘い …… 29

1.1 信号とはどんなものなの？ …… 31

1.2 信号のイロハ …… 38

1.3 信号波形を数式, 数値データで表現しよう …… 43

1.4 フーリエ変換を知ろう …… 51

1.5 フーリエ変換で見る信号波形の特徴 …… 57

1.6 逆フーリエ変換を知ろう …… 65

1.7 逆フーリエ変換で合成される信号波形 …… 72

第2章 フーリエ変換を体感する前に
魔法の信号数学をマスターしよう
……… 79

2.1 複素数とは何ぞや？ ……… 81
2.2 複素数をビジュアル化してみよう ……… 84
2.3 三角関係の話？ ……… 92
2.4 直交座標と極座標を行き来してみよう ……… 97
2.5 交流(cos波)の源は回転運動にあり ……… 109
2.6 交流(cos波)を描いてみよう ……… 114
2.7 交流を複素数で表そう ……… 122
2.8 cos波を正と負の周波数で表してみよう ……… 130

第3章 フーリエ変換を四則演算で計算してみよう！
+と×からフーリエ変換へ
……… 133

3.1 フーリエ変換の四則計算アルゴリズム ……… 134
3.2 フーリエ変換から読み取る信号波形パラメータ ……… 149
3.3 逆フーリエ変換の四則計算アルゴリズム ……… 157

第4章 フーリエ変換でこんなことができる！ ...167
フーリエ変換の応用

- **4.1** 雑音を除去する ...168
- **4.2** 好みの音を創るグラフィック・イコライザ ...178
- **4.3** プッシュホンの電話番号を送出・選択・認識する ...183
- **4.4** 任意の関数を多項式で近似する ...188

第5章 周波数スペクトルのすべてがフーリエ変換でわかる！ ...197
フーリエ変換はスペクトル解析の王様

- **5.1** これがスペクトル解析だ ...198
- **5.2** 信号波形と周波数スペクトル ...204
- **5.3** 信号相関と周波数スペクトル ...207
- **5.4** 代表的な波形の周波数スペクトル ...217
- **5.5** インパルス波形と周波数スペクトル ...222
- **5.6** 偶関数, 奇関数波形の周波数スペクトル ...231

第6章 フーリエ変換のらくらく計算テクニックを知ろう！ ……… 241

知って得するフーリエ変換の性質

6.1 重ね合わせた波をフーリエ変換すると(線形性) …… 243

6.2 周波数スペクトルを時間波形とみなすと(対称性) …… 246

6.3 波形やスペクトルの軸が伸び縮みすると(尺度変換) … 251

6.4 波形やスペクトルが平行移動すると(変数のずれ) …… 256

6.5 信号を微分, 積分すると ……… 261

6.6 フーリエ変換の様々な性質を公式としてまとめると … 265

第7章 システム解析の万能ツール, フーリエ変換を使いこなそう！ ……… 285

何にでも応用できる信号解析テクニック

7.1 フーリエ変換によるシステム解析へのアプローチ …… 287

7.2 システムの信号伝送解析とフーリエ変換 ……… 289

7.3 波形応答に関するシステムの基本的性質 ……… 294

7.4 入出力信号の関係とコンボリューション ……… 297

7.5 インパルス入力によるシステム応答解析 ……… 303

7.6 線形システムの周波数不変性 ……… 308

7.7 インパルス応答のフーリエ変換と周波数特性 ……… 311

7.8 線形システムの周波数選択性 ……… 317
（フィルタリング・システム）

7.9 ひずみのない波形伝送 ……… 322

計算のツボ

- **1-1** cos波って，どんなもの？ ……… 45
- **1-2** 虚数と複素数 ……… 53
- **1-3** 共役な複素数（複素共役）……… 68
- **2-1** arctan (a, b) について ……… 98
- **2-2** cos波のパラメータを読み，グラフを描く ……… 119
- **2-3** オイラーの公式 ……… 123
- **2-4** sin波の複素表示 ……… 125
- **3-1** 区分求積法（リーマン和）……… 137
- **5-1** サンプリング関数 sinc (x) ……… 214
- **5-2** 偶関数と奇関数 ……… 233
- **5-3** 三角関数の合成 ……… 235
- **6-1** 偶関数と奇関数の積分 ……… 278

フーリエ亭の**お得だね情報**

- ❶ ベクトル和 ……… 86
- ❷ j は90°の回転がお得意 ……… 103
- ❸ フーリエ変換の起源 ……… 147
- ❹ インパルス波形 $\delta(t)$ ……… 225
- ❺ 白色雑音とは？ ……… 316
- ❻ カラオケでエコーを効かせると…… ……… 327

参考文献 ……… 330

索引 ……… 331

序章

ソムリエ,フーリエさんの多彩なテクニック

とある田舎町。その外れにある三つ星レストラン「ビストロ・フーリエ亭」は，心のこもったフランス料理と，それにマッチした極上のワインをセレクトして味わわせてくれると評判であった。シェフ兼ソムリエの名は，人呼んで「フーリエさん」。

フーリエさんのフルネームは，Jean Baptiste Joseph Baron de Fourier。実在した彼（1768年3月21日生〜1830年5月16日没）は，本書のテーマとなるフーリエ変換を考案した，著名な数理物理学者である。

ソムリエのフーリエさんは，料理に合った最高のワインをぴたりと選び，どんなお客様の嗜好をも満足させる，驚異のテクニックを会得していた。このテクニックは「フーリエ変換」と呼ばれ，もともと門外不出の秘伝のものだったのだが，だれもがおいしいワインを飲めるようにと，フーリエさんは自分のもっている技の数々を1冊のワイン・ブックにわかりやすくまとめていたのだった。

まずは，本書をお買い求めのみなさんに，フーリエさんの考案したワイン味覚分析の華麗なるテクニックを，存分に味わってもらうことから始めることにしたい。

序章 1
フーリエ変換はテイスティングがお得意

ある日，ワインにはうるさい常連の3人のお客様（K男，

序章　ソムリエ，フーリエさんの多彩なテクニック

M之助，T子）がお揃いで，ビストロ・フーリエ亭にご来店になった。ご予約のテーブルに3人をお通しするや，フーリエさんは唐突に，

「いらっしゃいませ。今回はみなさんのために，特別に上質の赤ワイン（筆者も大好きなもの）を3種類ご用意しておきました。飲み比べて，それぞれの特徴を言葉で表してみていただけますか」

と質問した。テーブルの上には，すでに銘柄P，Q，Rの3本のワインが置かれてある。グラスを傾けた3人の反応はどうだろうか？　ワインの味には特にこだわるK男が，まずは口火を切った。

「うん，銘柄Pは甘口でありながらべたつかない，どこか柑橘系を思わせる，清涼感のある味わいが好印象だね。すっきりとした飲み心地のあとに，ブドウの馥郁とした香りがいつまでも口の中を漂っているようだ。こっちの銘柄Qは，滑らかに流れるような舌ざわりの中に，赤ワイン特有のフルーティなアロマが……」

不思議なくらいに舌の回るK男に，口あんぐりの主婦のT子と理科系のM之助がひとこと。

「ほんと，よくそんなにいろんな言葉を思いつくものね。私なんか，銘柄Pは『さっぱり』してて，銘柄Qは『まろやか』ですとか，その程度しか思い浮かばないわ」

「まったく同感だよ。僕なんて，そんな表現すら思いつかないどころか，銘柄Rなんか，『にがい』としか思えないよ」

と，三者三様の弁。それぞれの感想を要約して表にまとめておくと，図序-1 のようになる。

そんな3人のお客様の会話をうんうんと聞いていたフーリ

図序-1　3人のお客様の感想

エさんは、次のようにコメントした。

「ははは。いろいろなご感想、ありがとうございます。そうですね、好みは人それぞれですし、言葉で表現しても、どうも違いがはっきりしないものです。赤ワインの違いを、もっと客観的に言い表す方法はないものでしょうかね」

フーリエさんのコメントを聞いて、M之助は、

「どのワインも、ブドウから作られてるわけだし、味だってそんなに違わないし……。どう表現したらいいんだろう、ほとほと弱ったよ」

と、ぶつぶつ独り言。ところが、T子はすかさず、すっとんきょうな高音で、

「ブドウといったって、まったく同じというわけじゃないんでしょう？　産地によって、味が少しずつ違うんじゃない？　いろんな産地のブドウがブレンドされているなら、産地ごと

序章　ソムリエ，フーリエさんの多彩なテクニック

のブドウの分量を調べてみたらどうかしら⁉　ねえ？」

と，身を乗り出す。これを受けてK男は，

「ふむふむ，産地によってブドウを分けるなんて，的を射たアイデアかもしれないね。けど，『このワインにはどの産地のブドウが，どれくらい含まれているのか』ってことを，どうやって分析するんだい。やっぱりワインを味わうには，自分の味覚を鍛えてだね……」

と，得意顔で話し出す。それを遮(さえぎ)って，フーリエさんが言った。

「いえいえ，K男さん。それが分析できるのです。そのためのテクニックこそ，何を隠そう，私が長年の経験から編み出した**フーリエ変換**なのです。試しにこの『フーリエ変換機』を使ってみましょうか」

そう言ってフーリエさんがどこからともなく取り出したのは，「フーリエ変換機」と呼ばれる不思議な機械。3種類のワインを1種類ずつ100 mlだけ注いで，フーリエ変換機のコックをひねると，ウィンウィーンと音を立てて，図序-2 のような結果がはじき出された。

この結果は，それぞれの赤ワインに混合された産地ごとのブドウの分量を数値としてきちっと表したものだった。理科系のM之助は，まるで何か大発見を成し遂げたかのように，すかさず，

「なるほど！　産地別に分離してみる。なるほどね！　僕らが実際に味わう赤ワインは，いろんなブドウが混合されたものだ。原料のブドウの含有量を数値によって表せば，これほど客観的にワインの特徴を見極める手段はないことになる。K男くんみたいに，口の中で微妙な味まで判断できなくて

図序-2 ブドウの産地別含有量

も，だれにでもわかる！」

と言葉を発して，盛んにうなずいていた。

こうしたやりとりをにこやかな笑顔で見ていたフーリエさんは，

「そうなんです。フーリエ変換機を用いれば瞬時に，ワインに含まれるブドウを，産地ごとに成分分析することができるのです。なかなか大したもんでしょう？　逆に，ブドウの産地ごとの含有量を成分表に基づいて混ぜ合わせて，おいしい赤ワインを合成する方法を，当店では**逆フーリエ変換**と呼んでおります。まあ，身近な例でいえば，ジューサー・ミキサーのようなものといえるでしょうか。そんなテクニックも，私の考案したものなのですよ」

と自慢げに語るのであった 図序-3 。

序章 ソムリエ，フーリエさんの多彩なテクニック

図序-3 フーリエ変換と逆フーリエ変換

(a) 産地別の含有量を分析

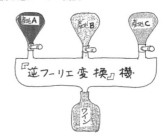
(b) 産地別含有量を変えてワインを合成

序章 2
ワインの混ざり物を取り除くには

　いま，ラベルに「講談社」と印刷してある極上のワインが，3つの産地 A, B, C のブドウから醸造されているものとしよう。ある日，M 之助が苦労に苦労を重ね，やっとのことでワイン「講談社」を醸造して瓶詰めしたあとで，あることにはたと気がついた。産地 A でも B でも C でもない「産地 D」のブドウを，誤って混ぜてしまったのだ。

　しかしながら，もうあとの祭りで，不純物である産地 D のブドウ成分を取り除くことは不可能だ……と，M 之助は早々とあきらめてしまっていた。そこに現れた K 男は，

「ワインの話だったら，一度ビストロ・フーリエ亭のソムリエにお願いしてみたらどうだい？」

とアドバイスしてくれたのであった。

図序-4 混ざり物を除去するワイン精製手順

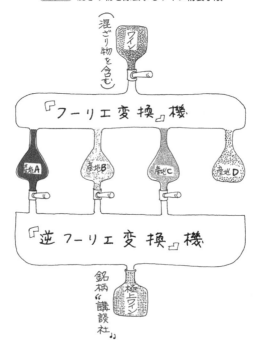

 早速,M之助がフーリエ亭を訪ねて,ことの一部始終を説明すると,フーリエさんは満面に笑みをたたえてこう言った。
「そんなことでしたら,お安いご用です。混ざり物を取り除くなんて,フーリエ変換機と逆フーリエ変換機を使えば,朝めし前ですよ」
 M之助は,不純物である産地Dの成分をどのようにして除去するかについて,フーリエさんから懇切丁寧に聞くことができた。

序章　ソムリエ，フーリエさんの多彩なテクニック

図序-4 に基づき，混ざり物を除去するためにフーリエさんが考案した手順を，簡単にまとめておくことにする。

手順1 フーリエ変換機を用いて，ワインに含まれるブドウの産地を分析し，産地別の混ぜ合わせの割合を調べる。

手順2 逆フーリエ変換機を用いて，不純物である産地Dのブドウの混ぜ合わせの割合をゼロ (0) にし，混ざり物を除去したワインを合成する。

産地別に分類するための方法が，フーリエ変換機。一方，不要な産地のブドウを取り除いてワインを精製するための方法が，逆フーリエ変換機。この2つの変換機を順に用いることにより，不純物を容易に取り除くことができるのである。

実は，フーリエ変換が現実世界で威力を発揮するのは，多様な信号を分析する場面である。そこで，

$$\begin{cases} ブドウの産地 & \Rightarrow \quad 周波数 \\ 不純物（混ざり物） & \Rightarrow \quad 雑音成分 \\ 不純物を含まないワイン & \Rightarrow \quad 信号成分 \end{cases}$$

と置き換えて考えてみると，雑音を含んだ信号から不純物の雑音を取り除く処理（フィルタリング；filtering ともいう）の道筋も見えてくる。雑音を除去するための信号処理システムの概念図を 図序-5 に示したが，これはよく見ると， 図序-4 のワインを精製するシステムと同じものだ。

図序-5 雑音を除去する信号処理手順

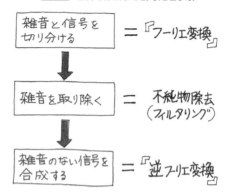

- **手順1** 雑音を含んだ信号をフーリエ変換して周波数ごとの成分に分解し,さらにそれを信号成分と雑音成分とに分別する.
- **手順2** 雑音成分をゼロ (0) にして,不純物である雑音成分を取り除き,信号成分のみを逆フーリエ変換することにより,雑音のない信号を得る.

一般的な信号処理手順をこのように説明したあと,フーリエさんはM之助から手渡されたワインをフーリエ変換機に通して,混ざり物を取り除いた.次に,逆フーリエ変換機により産地A, B, Cのブドウを再合成して,正真正銘の極上の赤ワイン「講談社」を作りなおすことに見事成功したのだ.

フーリエさんのおかげで極上ワイン「講談社」を味わうことができ,M之助はフーリエさんに何度も頭を下げて感謝の意を表したという.

序章 ソムリエ，フーリエさんの多彩なテクニック

序章 3
ワインの味を
個人の嗜好に合わせるには

あるとき，T子がM之助に問いかけてきた。

「ワインは銘柄Gなんだけど，これと同じ味のワインを手作りしたいな。フーリエさんならできるかしら？」

M之助が応えて，

「そりゃあ，あのフーリエさんなら絶対OKだよ。ワインの神様さ。ワインについてのことだったら，どんな難題にでも対応してくれると思うよ」

と言う。そこで，T子はM之助を伴って，ビストロ・フーリエ亭に出かけることにした。

ことの次第を聞き終えると同時に，ソムリエのフーリエさんは，

「ええ。銘柄Gを作ることはもちろんできますよ。T子さんの嗜好に合わせて，いろいろにブレンドすることも可能です。テイスティング（味見）しながら，自在にワインの味を調合するというようなことは，フーリエ変換機の面目躍如というところです。私の手にかかれば，ワインに関してできないことはこの世にありません」

と，得意げに言ってのける。間髪を容れず，フーリエさんは，銘柄Gのワインと同じものを作る作業に取りかかった。その手順を追ってみよう 図序-6 。

手順1 銘柄Gのワインをフーリエ変換機に注ぎ込み，ブド

図序-6 おいしいワインを醸造する手順

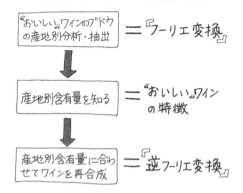

　　　　ウの産地別に分離して混ざり合いの割合を調べる。
手順2 **手順1** で得られたブドウの産地別の混ざり合いの
　　　　割合を，逆フーリエ変換機の産地別調整コックに設
　　　　定し，ワインを再合成する。

　フーリエさんの秘密の機械をこのように使うことによって，銘柄Gとまったく同一成分をもつワインを作り上げることができるのである。T子はフーリエさんの手順どおりにワインを合成して，テイスティングしたあと，
「この味は……銘柄Gのワインだわ！」
と感心しきりであった。さらに続けて話すT子の，
「銘柄Gのワインができるんだったら，どんなに難しい嗜好にもピッタリとフィットさせて，世界に1つしかない特別なワインだって作れちゃいそうね？　たとえば，私の嗜好に合う銘柄『T子』とか！」
という言葉を聞いたフーリエさんは，

「ええ，よくお気づきになりましたね。そう，それが，私のフーリエ変換の極意なんです。逆フーリエ変換機の産地別調整コックを，個人の嗜好に合わせればいいのです 図序-3(b) 」

と教えてくれた。傍らでT子とフーリエさんとの会話を興味深げに聞いていたM之助は，

「だったら，『甘み』，『渋み』，『すっきり感』，『酸っぱさ』などの味覚を分析できるようなフーリエ変換機が作れるといいなあ。そんな機械ができたとしたら，直接，人の好みに合わせてワインの味を調節することが可能になるしね」

と夢を語るのであった。

　ソムリエのフーリエさん——実際には数理物理学者のフーリエ——は，19世紀にフーリエ変換というテクニックをこの世界に初めてもたらした，伝道師ともいうべき偉い人だ。ここまでのお話はおとぎ話だったが，フーリエさんが偉い理由は，フーリエ変換が本当にいろいろなところで役立っているからなのだ。

　先ほど信号を分析する話がちらっと出たけれども，別の例としてワインを「音」，産地や味覚を「周波数成分」と読み替えてみよう。すると，ステレオやカーオーディオなどの音響機器についているグラフィック・イコライザも，同じような考え方で実現していることがわかる。音響機器というのは，基本的に音の周波数成分の混ざり具合（音質）を調整しているものだからだ。

 グラフィック・イコライザとは，液晶に表示された棒が音楽とともに上がり下がりする（スペアナ表示という），音響機器に

よく付属している，音質を調整するための例のあれだ。

　どんな音楽でも創(つく)れてしまうこのテクニックのほかにも，コンピュータ・グラフィックス，地震波解析，音声認識など，実にさまざまな分野でフーリエ変換は利用されているのである。それらはどれも，ワインの味のようにいろいろな情報が複雑に混ざり合ったものだ。そうしたものを扱うには，はっきりとした成分に分解して，思いのままに合成することを身上とするフーリエ変換と逆フーリエ変換が，ここぞとばかりに大活躍する。

　本章の最後にひとこといわせてほしい。「フーリエ変換，万歳！」と。そんなフーリエ変換のもつ広大な世界に，これから読者のみなさんを誘(いざな)ってゆくことにしよう。

第1章

フーリエ変換を初体験しよう！

フーリエ変換への誘い

電気工学，力学，音声分析・合成，ロボット制御などなど，さまざまな信号処理の場面で必ず登場する**フーリエ変換**と**逆フーリエ変換**。それぞれの変換は，時間波形 $x(t)$ に対して，次のように定義される。

$$X(f) = \int_{-\infty}^{\infty} x(t)e^{-j2\pi ft} \mathrm{d}t : \textbf{フーリエ変換} \tag{1.1}$$

$$x(t) = \int_{-\infty}^{\infty} X(f)e^{j2\pi ft} \mathrm{d}f : \textbf{逆フーリエ変換} \tag{1.2}$$

いきなりこんな式が出てくると，思わず「ひゃーっ，難しい」と叫んでしまうかもしれない。積分記号（$\int$）や無限大（∞）をふんだんに含んだその姿から，どうも近寄りがたさを感じてしまい，「フーリエ変換って，積分が面倒くさそうで何となく嫌だなあ」と，最初からご機嫌斜めの読者も少なくないのでは。

しかし，ここは安心していただきたい。だいいち，上述の式の X や f といった量が何を表すのかをまだ述べていないのだから（不親切な導入でごめんなさい），いまはわからなくても当たり前である。あくまで，巷の教科書に書いてあるようなフーリエ変換の定義式を示しただけなので，その外見に惑わされないでほしいのだ。

でも，教科書に載っている式 (1.1) や式 (1.2) のような恐ろしげな見た目から，必要以上に難しいというイメージをフーリエ変換に抱いている人も多そうだ。そこで，まずこの章では，みなさんの気持ちの中にあるフーリエ変換に対する嫌悪感を取り除いてさしあげたい。どうするかといえば，なんと四則演算（＋，－，×，÷）だけで，上の式 (1.1) と式 (1.2) の積分値を計算してみようというのである。そんなことは絶

第1章 フーリエ変換を初体験しよう!

対に無理だ,と高みの見物を決め込んでおられるかもしれないが……まあ,寄ってらっしゃい,見てらっしゃい。

というわけで,ここでは数学的な屁理屈(へりくつ)(?)はあと回しにして,なりふりかまわずフーリエ変換を初体験してみることにしたい。私の言葉を信じてひとつひとつ丁寧に,そして気長に読み進めていってもらえれば,きっとフーリエ変換の気持ちを理解できますから。

それでは,フーリエ変換を初体験してもらう前に,小手調べとして「信号を知る」ことから始めよう。

1.1 信号とはどんなものなの？

◆情報を伝えるための工夫

人類が文明を持って生活を始めてからこのかた,私たちは情報を伝えるためにさまざまな工夫をしてきている。たとえば,太古の時代の「ドン,ドコ,ドン,……」という太鼓の音,時代劇に出てくる忍者が利用したのろし(情報信号の発生),伝書鳩や飛脚(はときゃく)(情報信号の伝達),そして現在では携帯電話・スマートフォンというように,情報信号の取り扱い方は様変わりしてきた 図1-1 。

特に,発明王エジソンが登場したのを境にして,情報伝達の世界に新たな息吹が吹き込まれた。伝えたい情報を電気信号に変換することによって,私たちはより速く,より正確に

図1-1 情報信号の取り扱い方の歴史

太鼓　のろし　飛脚　携帯電話

情報を伝送することができるようになったのだ。

　そうして，信号の伝送に電波技術を用いるに至って，情報信号の届く距離と範囲は驚異的に広がった。現在では，通信衛星や光ファイバを用いた情報通信は，まさに私たちの日常生活における"水や空気のような"存在になっており，これら新しい通信メディア（media；媒体）を介して，多種多様の膨大な量の情報（ビッグデータ）の伝達が行われている。

　一般に，信号とは情報を物理現象に変えたもので，例を挙げれば温度，気圧，騒音量などの計測信号，音楽とか電話などの音響信号，テレビ，アニメ，指紋などの画像信号など，多種多様だ。これらの信号はいずれも物理量として計測（数値で表現）可能であり，通常，適当な検出器（匂いセンサ，味センサなど，詳細は **1.2節** を参照）によって電気信号に変換される。現在では，香りや甘さなどの感性信号さえも電気信号に置き換えることが可能になりつつある **図1-2**。

第1章 フーリエ変換を初体験しよう！

図1-2 いろいろな信号変換例

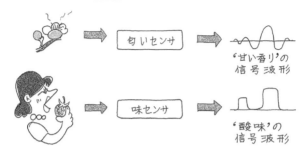

◆フーリエ変換の活躍の場は

　といっても，どんな信号も，それを生(なま)のままやりとりすることはたいへん難しい。たとえば，携帯電話で話をしたいのだが，雑音ばかりが大きくて，肝心の音声がよく聴きとれないとか，テレビの画面が乱れて見にくいときなどに，余計な雑音をなるべく抑え，必要な意味のある信号のみを取り出したい，あるいは信号が明瞭(めいりょう)になるよう改善したい……というときがある。こんなときに，私たちがこれから学ぶ，フーリエ変換による信号処理が大活躍するのである。

　信号の中に多種多様の信号成分が含まれていて，その中から必要な成分と不必要な成分とを分別したいとしよう。このようなときには，その信号が，

① どんな物理的な性質・現象を表しているのか
② どのような成分を含んでいるのか

といったことがわかれば，必要な成分だけを抽出・処理する

図1-3 フーリエ変換は信号の身元調査テクニック

ことが可能になる。

しかし，肝心の信号の物理的性質や成分がよくわかっていないときには，まずは信号そのものの特性とその物理的性質との対応を探らなければならない。つまり，「信号の身元調査」が必要になるのである。そんなときにも，本書で解説するフーリエ変換が，信号のもついろいろな特徴を浮かび上がらせるために大きな役割を果たす **図1-3**。

さらに，フーリエ変換は信号の合成にも大いに力を発揮する。最近の音声読み上げソフトは音声合成技術を使っており，音声の成り立ちがわかれば，その理解を利用して合成することも可能になるわけである。

◆情報を選び取る技術

話を身近なところに戻すと，私たち人間も無意識のうちに，受け取った信号の中から必要な信号だけを選択して，意味のある情報を得ている。たとえば，赤ちゃんの泣き声がどうもいつもとは違うな……と気づくと，お母さんは赤ちゃん

第1章 フーリエ変換を初体験しよう！

図1-4 赤ちゃんの泣き声

の身体の具合が悪いのかなと心配して，病院に連れて行くでしょう。つまり，赤ちゃんは言葉がしゃべれないので，泣き声で身体の状態をお母さんに伝え，お母さんはそれをきちんと捉えているわけである 図1-4 。

　人間どうしの情報のやりとり以外にも，人間と機械との間でも情報伝達が行われている。朝起きて，自動車を動かしてみたら，キーキーと妙な音がしてどうもエンジンが変だぞ……と気づくことがある。この例では，自動車という機械が，エンジン音によって異常発生を人に伝えようとしているのである 図1-5 。修理工場のエンジニアであれば，おそらくエンジンという機械からの呼びかけにすぐさま反応できて，異常箇所の特定，そして適切な修理をすることができる。

　また，私たちの身体からも，いろいろな信号（生体信号という）が発生している。たとえば，脳からは筋肉を動かすための指令（電気信号）が，無数の神経細胞（ニューロン）を介して伝達され，筋肉に付随する神経回路でその信号を解読して，手足をスムーズに動かしている。そのほか，心臓の「ドキ，ドッキン，ドキン，……」という鼓動を電気信号に変換したグラフ（心電図）を医師が診れば，心臓に異常がある

図1-5 エンジンの異常音

図1-6 心電図

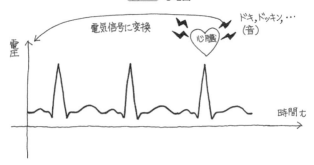

かどうかを瞬時に見極めることもできる 図1-6 。

　私たちが住んでいる地球からもいろいろな信号が出ている。どんな信号かといえば，地球が人間に発する警告信号である 図1-7 。たとえば，酸性雨による森林被害，温暖化現象にともなう異常気象の増加，オゾン層破壊による紫外線の増大など……。これらの警告信号は，雨のpH値（酸性，アルカリ性を示す数値のこと），地球の平均気温や大気中の二酸

図1-7 地球からの信号

化炭素の濃度,太陽から地球に届く紫外線の量などの信号を調べた結果として,明らかになってきたものである。

以上,ざっと見ただけでもいろいろな信号が私たちの身のまわりを飛び交っている。赤ちゃんは泣き声で身体の状態を,自動車はその音でエンジンの不具合を,心電図は心臓の働きを,それぞれ信号として伝えている。お母さんやエンジニアや医師は,こうした信号を受け取ることで,発信元の状態を推測・判断する。実はこれらのことはすべて,**信号処理**と呼ばれる手法の例なのである。

 「信号処理」というと難しく聞こえるかもしれないが,身構えないでいただきたい。読者のみなさんは,ロマンや感動,風情を感じたとき,それをどのような手段でほかの多くの人たちに伝えようとするだろうか? たとえば,美しい景色を見たとき,「スマホで写真に撮る」とか,その写真を「インスタにアップする」とか「プリンタでカラー印刷して見せる」といったことをしているはず。だれもが何気なくやっている,こうした伝達手法も,信号処理の一種である。

さて,ここまで説明してきたこと(信号,信号処理)の意

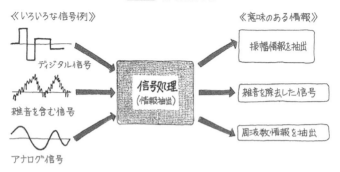

図1-8 信号処理とは

味を手短にまとめると，次のようになる 図1-8 。

- 信号とは，通信メディア（たとえば，光ファイバ，空気など）の中を伝わっていく，情報伝達のための物理的波形（音，光，電気，電波など）のことである。
- 信号処理とは，対象とする信号から意味のある情報を読み取ったり，取り出したり，送ったりする操作のことである。

1.2 信号のイロハ

◆重要なのは電気信号だ

信号の実体は音や光など多種多様であるが，手を替え品を

第1章 フーリエ変換を初体験しよう！

替え，処理しやすい形に変換する必要がある．たとえば，エンジン音から車の状態を知りたいとしても，音，つまり空気の圧力の変化をそのままの形で処理することはなかなか難しい．そこで一般的な方法として，音を処理しやすいほかの物理量に変換する形がとられる．通常，処理しやすい物理量として，電圧や電流などの電気信号が選ばれることが多い．

たとえば，人間は目，耳，鼻，舌，皮膚の五感と呼ばれる5種類の感覚器官によって，外界からの刺激（光，音，匂い，味，痛みなど）を検知したあと，微弱な電気信号に変換する．さらに，この電気信号は脳で処理されることによって，刺激のおおもとである物の色や形状，音声や声色，臭さや香り，甘みや辛さなどの認識へとつながる．

人間の五感のように，もともとの情報に含まれる処理しにくい物理量を検知して，処理しやすい電気信号の形に変える働きを持つ検出器（**センサ**）がある．人間の五感にたとえられて「匂いセンサ」「味センサ」などと称される 図1-9 ．

図1-9 人間の感覚とセンサ

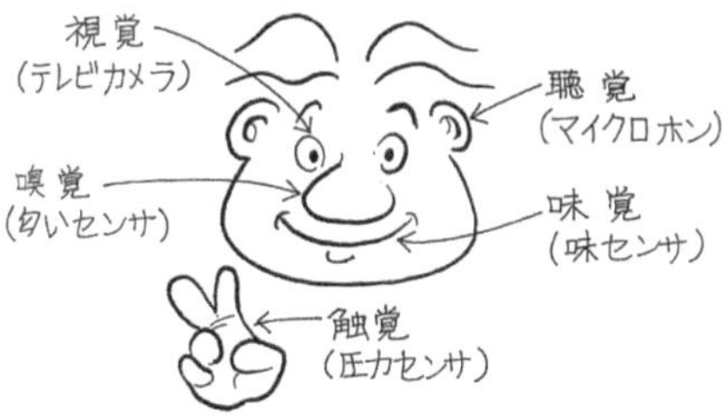

- 視覚（テレビカメラ）
- 聴覚（マイクロホン）
- 嗅覚（匂いセンサ）
- 味覚（味センサ）
- 触覚（圧力センサ）

図1-10 AIが創り出す賢い家庭電化製品

視覚（目）	⇒	テレビカメラ
聴覚（耳）	⇒	マイクロホン
嗅覚（鼻）	⇒	匂いセンサ
味覚（舌）	⇒	味センサ
触覚（皮膚）	⇒	圧力センサ

　最近では，これらのセンサと AI（Artificial Intelligence；人工知能）技術を巧みに組み合わせることにより，賢い家庭電化製品が多数開発されている 図1-10 。

　たとえば，AIつき洗濯機であれば，水の濁り具合を光センサでキャッチし，投入する洗剤の量，洗濯時間，脱水の時間などが，熟練ママよろしく自動化されている。

　また，AIつき炊飯器では，おいしいご飯を炊き上げるためのコツとしてよくいわれる「はじめチョロチョロ，中パッパ，ブツブツいうころ火を引いて，赤子泣くともふたとるな」という原則に従い，炊飯器内の温度を温度センサ，湿り気を湿

度センサで測り，AIがヒータの電流を自動制御することにより時間に応じて火力を調整するのである。すると，おいしい，ふっくらとしたご飯の炊き上がりとなる。

◆まず1変数より始めよ

さて，これまでに取り上げてきた信号としては，赤ちゃんの泣き声，エンジン音，生体信号，地球の環境信号があった。これらの信号はすべて，いわば時間の変化に伴う物理量（音，電気，気温など）の変動であり，時間 t［秒］を変数として表される。すなわち，

$$s = x(t) \tag{1.3}$$

という1変数関数の形式で，時々刻々と変化する信号を数式で表現できる。これは，1つの変数 t に対して1つの信号値 s が "1対1" に対応するという意味で，**1次元信号**と呼ばれる。例として，図1-11の株価変動を示す3つのグラフを見てもらいたい。

グラフの形が同一なので，すべて同じものだと思えるかもしれないが，実はまったく異なる株価変動を表していること

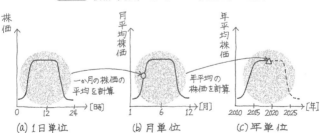

図1-11 横軸（時間）のスケール（目盛り）は重要

(a) 1日単位　　(b) 月単位　　(c) 年単位

に気づいてほしい。注意してほしいポイントは横軸の時間のスケールの違いだ。つまり，3つの図は左から，

(a) 1日24時間の株価変動
(b) 月ごとの平均株価の年間変動
(c) 年ごとの平均株価の15年間にわたる変動

を表している。時間軸のスケール（目盛り）を変えることにより，株価変動をミクロ（微視的）な視点から分析したり，株価の将来における動向をマクロ（巨視的）に予測したりできるようになる。

このように，信号を表現する場合には，縦軸に対応する物理量の単位が何であるか，とか，横軸のスケールの時間単位はいくらなのか，という点に細心の注意を払わなければならない。なお，1次元信号には社会・経済データ，環境データをはじめ，音声信号，心電図などの生体信号，気象用のレーダ信号，……といった多種多様なものがある。

また，これらの信号はいずれも数値化されたデータであり，フーリエ変換や微分・積分などの各種演算を施すことにより，「雑音を取り除く」，「好みの音を創る」，「顔のシワを取り去ってきれいに見せる」，「病気の診断をする」などといった，いろいろな用途の信号処理が実現されることになる。

第1章 フーリエ変換を初体験しよう！

1.3
信号波形を数式，数値データで表現しよう

◆波を表す数と式

　人間の話し声しかり，心臓の鼓動しかり，時間の経過とともに変化する物理量を調べたいという機会は，世の中にはごまんとある。以下の話では，そうした時々刻々変動する物理量を，扱いやすいように電気信号に変換したものをイメージしてほしい。

　最初に，**図1-12**の3つの波形（a）〜（c）（1次元信号）を見てみよう。横軸 t は時間を表す（単位は［秒］）。

 縦軸 $x(t)$ は，たとえば電流や電圧などだと思ってほしい。電流なのか電圧なのか，それとも，ほかの何かなのかはここでは本質的ではないので，縦軸に単位はつけないでおく。もちろん，真の意味は音の強さであったり圧力であったり状況によりけりなのだが，それを電気信号に変え，オシロスコープに通して観察したようなものだ。

　では，3つの波形を見て，何か気がついたことを挙げてみてほしい。そんなの簡単で，山と谷の数と信号の大きさ（山の高さ，谷の深さ）がそれぞれ違っている。山と谷の数とは，**周波数**のことである。また，ある時刻における信号の大きさ（振幅）のことを，**信号値**ともいう。

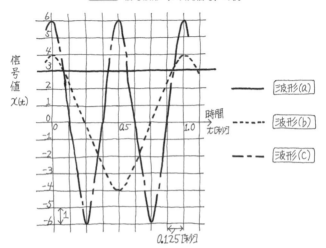

図1-12 信号波形（1次元信号）の例

> 周波数（分野によっては振動数ともいう）とは、1秒間に含まれる山と谷の組の個数のことで、単位［個/秒］を［Hz］（ヘルツ）と書く。1秒間に1回ずつ山と谷が訪れる波が、周波数1［Hz］の波なのだ。

3つの信号波形の数式による表現と、その特徴を以下にまとめよう。

波形(a) $\quad x(t) = 3 \quad\quad\quad\quad\quad\quad\quad\quad (1.4)$

山と谷の数は0個、信号値は時間にかかわらず3で一定だ。つまり、周波数が0［Hz］で、振幅が3の波だと思ってよい（「波」と呼ぶには少し違和感があるかもしれないが）。このように、時間に関係なく大きさが一定の信号波形は、**直流**という。

第1章 フーリエ変換を初体験しよう！

波形(b)　$x(t) = 4\cos 2\pi t$ \hfill (1.5)

1秒間に山と谷の数が1個ずつあり，信号値は-4から4の範囲で変動している。つまり，周波数が1 [Hz]で，振幅が4のコサイン（cosine）波形だ。なお，これ以降の説明では，コサイン波形をcos波と略記しよう（**計算のツボ 1-1**を参照）。

波形(c)　$x(t) = 6\cos 4\pi t$ \hfill (1.6)

1秒間に山と谷の数が2個ずつあり，信号値は-6から6の範囲で変動している。つまり周波数が2 [Hz]で，振幅が6のcos波である。

また，波形(c)は0.5秒間に1組の山と谷をもつ（=周期が1/2 [秒]である）といってもいい。こう考えても，やはり周波数は，

$$\frac{1}{0.5\,[秒]} = 2\,[\text{Hz}]$$

であり，波形(b)の2倍に等しい。

計算のツボ 1-1　cos波って，どんなもの？

いま，**図1-13**のx-y平面において点P (x_0, y_0)と原点Oを直線で結び，さらに点Pからx軸に垂線を下ろし，x軸との交点をQとする。

このとき，直線OPと正のx軸（半直線OX）とがなす角，すなわち∠POX（角ピーオーエックスと読み，角度θ）に対して，コサイン（$\cos\theta$）は直線OPの長さ$\overline{\text{OP}}$と点Qのx座標の値（=x_0）の比として，

$$\cos\theta = \frac{x_0}{\overline{\text{OP}}} \hspace{2cm} (1.7)$$

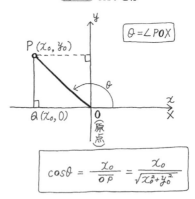

図1-13 $\cos\theta$ とは

と表される。ここで，角度 θ の表記法としては，ラジアン [rad] という単位で表す「弧度法」，あるいは度 [°] という単位で表す「60分法」がある。ラジアンと度のあいだには，

$$\pi \text{ [rad]} = 180 \text{ [°]} \tag{1.8}$$

という相互関係が成立する。代表的な $\cos$ 値として，

$$\begin{cases} \cos\dfrac{\pi}{6} = \cos 30° = \dfrac{\sqrt{3}}{2}, \cos\dfrac{\pi}{4} = \cos 45° = \dfrac{\sqrt{2}}{2}, \\ \cos\dfrac{\pi}{3} = \cos 60° = \dfrac{1}{2}, \cos\dfrac{2\pi}{3} = \cos 120° = -\dfrac{1}{2}, \\ \cos\dfrac{3\pi}{4} = \cos 135° = -\dfrac{\sqrt{2}}{2}, \\ \cos\dfrac{5\pi}{6} = \cos 150° = -\dfrac{\sqrt{3}}{2} \end{cases} \tag{1.9}$$

は，覚えておくと便利である。

ところで，角度 θ を $0 \sim 6\pi$ [rad]（$0 \sim 1080$ [°] と同じ）の範囲で，$\pi/2$ [rad]（$=90°$）ずつ変えたときの $\cos\theta$ の値を見てもらいたい **表1-1**。$\cos$ 値は，2π ごとに同じ値をとっている，つまり，

$$\cos\theta = \cos(\theta + 2\pi) = \cos(\theta + 4\pi) = \cdots$$
$$= \cos(\theta + 2n\pi) \quad ; \text{ただし，} n \text{ は整数} \tag{1.10}$$

となっていることがおわかりいただけるだろう。この「2π ごとに

表1-1 $\cos\theta$ の値 （$0 \leq \theta \leq 6\pi$）

θ [rad]	0	$\frac{\pi}{2}$	π	$\frac{3\pi}{2}$	2π	$\frac{5\pi}{2}$	3π	$\frac{7\pi}{2}$	4π	$\frac{9\pi}{2}$	5π	$\frac{11\pi}{2}$	6π
θ [°]	0	90	180	270	360	450	540	630	720	810	900	990	1080
$\cos\theta$	1	0	-1	0	1	0	-1	0	1	0	-1	0	1

同じ値をとる」という性質を，$\cos\theta$ は 2π の**周期**をもつという。

数学的には以上でおしまいだが，物理的な振動が cos 波で表現される場合のことを少し注意しておこう。時刻を t とおくと，時間 T [秒] ごとに繰り返される振動は，cos を使って，

$$\cos\left(\frac{2\pi}{T}t\right) \tag{1.11}$$

と表すことができる。$\cos\theta$ が 2π ごとに同じ値をとるのとまったく同様に，この $\cos(2\pi t/T)$ は T [秒] ごとに同じ値をとるからだ。このような cos 波は，**周期 T [秒]** をもっているといえる。また，cos 波の周期がこのように時間の単位で測られる場合は，この周期 T の逆数 $1/T$ を**周波数**と呼ぶ。

さて，**図1-12(c)** の波形の 0.25 [秒] ごとの振幅値を計算してみよう。式 (1.6) に $t=0, 0.25, 0.5, 0.75, 1.0, 1.25, 1.5, \cdots$ を代入すれば，

$$\begin{cases} x(0) = 6\cos 0 = 6, \\ x(0.25) = 6\cos(4\pi \times 0.25) = 6\cos\pi = -6, \\ x(0.5) = 6\cos(4\pi \times 0.5) = 6\cos 2\pi = 6\cos 0 = 6, \\ x(0.75) = 6\cos(4\pi \times 0.75) = 6\cos 3\pi = 6\cos\pi = -6, \\ x(1.0) = 6\cos(4\pi \times 1.0) = 6\cos 4\pi = 6\cos 0 = 6, \\ x(1.25) = 6\cos(4\pi \times 1.25) = 6\cos 5\pi = 6\cos\pi = -6, \\ x(1.5) = 6\cos(4\pi \times 1.5) = 6\cos 6\pi = 6\cos 0 = 6, \\ \qquad\qquad\qquad \vdots \end{cases} \tag{1.12}$$

図1-14 cos波（2［Hz］）の時間離散化

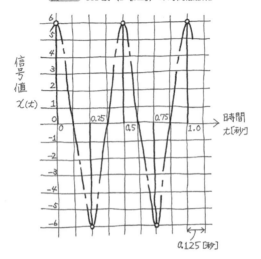

となり，2π［rad］（時間換算して，0.5［秒］）ごとの繰り返しを確認することができる **図1-14**。

◆アナログとディジタル

さて，何らかの物理量が，**図1-12** のような扱いやすい信号に変換されたとしよう。次は，**図1-12** の各信号波形から，0.25［秒］の時間間隔で，たとえば4個の信号値をとびとびに取り出したものを考えてみたい **図1-15**。

図1-12 のような「時間的に連続した」信号を，**アナログ信号**と呼ぶ。対して，**図1-15** のように「時間的に不連続な」，つまり一定の時間間隔ごとの信号値で表された信号は，**ディジタル信号**と呼ばれる。

以下に，ディジタル信号波形の信号値に相当する4個の数

第1章 フーリエ変換を初体験しよう！

図1-15 信号波形（4個のサンプルの例）

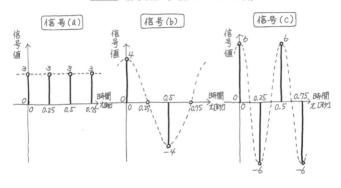

値を，図1-15(a)(b)(c) の3つの時間波形ごとに示す。

波形(a)
$$x(0) = x(0.25) = x(0.5) = x(0.75) = 3 \tag{1.13}$$

波形(b)
$$\begin{cases} x(0) = 4\cos 0 = 4, \\ x(0.25) = 4\cos(2\pi \times 0.25) = 4\cos 0.5\pi = 0, \\ x(0.5) = 4\cos(2\pi \times 0.5) = 4\cos\pi = -4, \\ x(0.75) = 4\cos(2\pi \times 0.75) = 4\cos 1.5\pi = 0 \end{cases} \tag{1.14}$$

波形(c)　（式（1.12）より明らか）
$$x(0) = 6, x(0.25) = -6, x(0.5) = 6, x(0.75) = -6 \tag{1.15}$$

なぜこんなことをするかというと，これからみなさんに計算していただくのに便利なようにである．波形を表す曲線のすべての点（無限個）を考えるのではなく，4個という有限個

の等間隔のサンプル点に信号値を代表してもらって，計算上扱いやすくしたわけだ．

たった4個の点では大ざっぱすぎるのでは？ と疑問を抱かれた読者もいるかもしれないが，ご心配は無用．ここではごく大ざっぱに4個しか点を選ばなかったが，もっと間隔を細かくしてたくさんの点を抽出しても，原理的には同じことなのだ．そして，間隔をより細かくすれば，そのぶん，もとの波形がより忠実に再現されることになる．

実は，実際の研究では，コンピュータを使ってきわめて大量の計算をするときに，フーリエ変換が真価を発揮している．コンピュータにとっては，物理現象から得られるアナログ信号の直接的な処理は難しいので，アナログ信号からたくさんの有限個の点を抽出して，扱いやすいディジタル信号にしてしまうのが日常茶飯事なのだ．

つまりここでは，世の中のコンピュータが実際に行っている計算の原理を，みなさんに体験していただこうという寸法だ．コンピュータがどういう計算をしているのかをざっと知っておけば，応用分野で「フーリエ変換を使いたい！」という人に役立つことは請け合いである．

1.4 フーリエ変換を知ろう

◆ 4個のデータ点で試してみよう

さていよいよ、フーリエ変換にチャレンジするときがやってきた。その準備段階として、図1-16 に示すように、時間間隔 Δt [秒] ごとの4個の信号値、すなわち、

$$\{x(0), x(\Delta t), x(2\Delta t), x(3\Delta t)\}$$

を、

$$x_k = x(k\Delta t) ; k = 0, 1, 2, 3$$

と簡略化して表せば、

$$\{x_0, x_1, x_2, x_3\} \tag{1.16}$$

となる。ここで、時間間隔 Δt は信号サンプル（標本）として取り出した間隔なので、**サンプリング間隔**という。

式 (1.16) の表記法を用いると、図1-15 に出てきた3つの

図1-16 サンプリングとディジタル信号

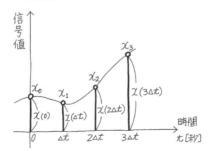

波形は,

　　波形（a）　$\{x_0 = 3, x_1 = 3, x_2 = 3, x_3 = 3\}$
　　波形（b）　$\{x_0 = 4, x_1 = 0, x_2 = -4, x_3 = 0\}$
　　波形（c）　$\{x_0 = 6, x_1 = -6, x_2 = 6, x_3 = -6\}$

という信号値の並びとして表されることになる。

◆フーリエ変換,足し算に早変わり！

　ところで,上のように,波形を有限個の（4個の）とびとびの信号値で表すことができたとしよう。するとアラ不思議,本章冒頭で出てきたあのフーリエ変換の積分式,

$$X(f) = \int_{-\infty}^{\infty} x(t) e^{-j2\pi ft} dt \qquad \text{(式 (1.1) の再掲)}$$

から,積分記号 $\int$ や無限大 ∞ があれよあれよといううちに消え去り,代わりに,

$$\begin{cases} X_{-1} = \dfrac{1}{4}[x_0 + jx_1 - x_2 - jx_3] \\ X_0 = \dfrac{1}{4}[x_0 + x_1 + x_2 + x_3] \\ X_1 = \dfrac{1}{4}[x_0 - jx_1 - x_2 + jx_3] \\ X_2 = \dfrac{1}{4}[x_0 - x_1 + x_2 - x_3] \end{cases} \qquad (1.17)$$

という,せいぜい四則演算しか含まない単純な4本の式だけで,フーリエ変換が計算できることがわかっているのである（これを**ディジタルフーリエ変換**という。詳細は**第3章**を参照）。この式（1.17）を,目下のところ,フーリエ変換の新たな定義式とみなすことにしよう。

第1章 フーリエ変換を初体験しよう！

 式（1.17）には，ここまでの説明では見慣れない文字「j」が登場している。この「j」は**虚数単位**と呼ばれるもので，
$$j = \sqrt{-1} \tag{1.18}$$
を表す（計算のツボ1-2を参照）。

 虚数と複素数

式（1.18）で定義した，虚数単位 j というものの性質を説明しておこう。数学では虚数単位を i という文字で表すが，電気工学の分野では変数 i が電流を意味することが多いので，虚数単位の記号として j が用いられる。まあ，複素数に精通した人のことを「愛（i）がわかる人」なんてシャレていったりもするので，気楽な気分で読み進めていってもらいたい。

虚数単位 j の定義式（1.18）の両辺を2乗すれば，
$$j^2 = (\sqrt{-1})^2 = -1 \tag{1.19}$$
となる。また，式（1.19）の両辺に（-1）を掛け，虚数単位（j）で割り算したあと，右辺と左辺を入れ替えると，
$$\frac{1}{j} = -j \tag{1.20}$$
という関係が成り立つことがわかる。式（1.19）と式（1.20）の関係は，複素数計算での使用頻度が高いものなので，しっかりと覚えてもらいたい。

虚数単位を導入すると，**複素数**というものを定義することができる。複素数 $\boldsymbol{w}$ とは（本書では，複素数を $\boldsymbol{w}$ のような太字で表すことにする），虚数単位 j と2つの実数 a, b を用いて，
$$\boldsymbol{w} = a + jb\,; \quad a \text{ は実数部, } b \text{ は虚数部} \tag{1.21}$$
という形式で表現される数のことであり，
$$\begin{cases} a = \mathfrak{Re}(\boldsymbol{w}) \\ b = \mathfrak{Im}(\boldsymbol{w}) \end{cases} \tag{1.22}$$
で表される。ここで，$\mathfrak{Re}(\boldsymbol{w})$ は複素数 $\boldsymbol{w}$ の実数部（real part）を，また $\mathfrak{Im}(\boldsymbol{w})$ は虚数部（imaginary part）を意味している。

いま，2つの複素数を，
$$\boldsymbol{w}=a+jb, \boldsymbol{v}=c+jd$$
とするとき，これらの足し算と引き算は，実数部と虚数部とに分けて，それぞれ次のように計算される。

$$\boldsymbol{w}+\boldsymbol{v}=(a+jb)+(c+jd)=(a+c)+j(b+d) \tag{1.23}$$
$$\boldsymbol{w}-\boldsymbol{v}=(a+jb)-(c+jd)=(a-c)+j(b-d) \tag{1.24}$$

(計算例)
$$(3+j2)-(2-j5)+(5-j3)$$
$$=(3-2+5)+j(2+5-3)$$
$$=6+j4$$

◆フーリエ変換の値の意味は？

さて，一定の信号値 $3\{x_0=3, x_1=3, x_2=3, x_3=3\}$ をもつ直流と，周波数が 2 [Hz] で振幅が 6 の cos 波から抽出した信号値 $\{x_0=6, x_1=-6, x_2=6, x_3=-6\}$ をフーリエ変換すると，式 (1.17) の計算結果としてそれぞれ，

　　信号 (a) から　　$\{X_{-1}=0, X_0=3, X_1=0, X_2=0\}$　(1.25)
　　信号 (c) から　　$\{X_{-1}=0, X_0=0, X_1=0, X_2=6\}$　(1.26)

という 4 つの値を得ることができる。

ところで，これらの X はいったい何を意味するのだろうか？ X の下付き数字が -1 から 2 にわたっている，このフーリエ変換値，すなわち，

$$\{X_\ell\}_{\ell=-1}^{\ell=2}$$

の物理的な意味を読み取ってみよう。式 (1.25) および式 (1.26) を翻訳する感じで，式の意味をあぶり出そうというわけだ。ものは試しで，2 つの仮説を立てて調べてみよう。

第1章 フーリエ変換を初体験しよう！

なお，$\{X_\ell\}_{\ell=-1}^{\ell=2}$ とはいささか特殊な記法だが，右脚の $\ell=-1$ は「-1 から」，右肩の $\ell=2$ は「2 まで」を表す。「$\ell=-1$ から $\ell=2$ まで」，つまり「$\ell=-1,0,1,2$」というわけである。

仮説 1：山と谷の数
　　　　　X_ℓ の下付き数字の「ℓ」が，山と谷の数（山と谷が何組あるか）を表す。

仮説 2：振幅
　　　　　X_ℓ の値が，信号波形の振幅を表す。

この2つの仮説によれば，式 (1.25) は，
$$\begin{cases} X_0 = 3 \;\; \Rightarrow \;\; \text{「山と谷の数が0個，すなわち直流信号で振幅は3」} \\ X_{-1} = X_1 = X_2 = 0 \;\; \Rightarrow \;\; \text{「そのほかの信号は含まれない」} \end{cases}$$
(1.27)

と翻訳できる。また，式 (1.26) のフーリエ変換値を翻訳すれば，
$$\begin{cases} X_2 = 6 \;\; \Rightarrow \;\; \text{「山と谷の数が2個で，振幅が6のcos波」} \\ X_{-1} = X_0 = X_1 = 0 \;\; \Rightarrow \;\; \text{「そのほかの信号は含まれない」} \end{cases}$$
(1.28)

となる。

なお，本書を読み進めるとわかることであるが，X_ℓ の下付き数字の ℓ で表される山と谷の数というのは，周波数に対応する数字である。

> 山と谷の組の個数 ℓ が，そのまま [Hz] 単位の周波数を表すと考えてはいけない。ℓ は，あくまでデータを取得した時間の範囲内での，山と谷の組の個数である。つまり，データを取得した時間の範囲の長さを T_0 [秒] とおくと，番号 ℓ に対応する cos 波の周波数は $(1/T_0) \times \ell$ [Hz] となるわけだ。

◆二手に分かれるフーリエ変換値？

引き続き，図1-15(b) の信号値 $\{x_0=4, x_1=0, x_2=-4, x_3=0\}$ をもつ波形をフーリエ変換してみよう。その結果は，

$$\begin{cases} X_{-1} = \dfrac{1}{4}[4+j0-(-4)-j0] = 2 \\ X_0 = \dfrac{1}{4}[4+0+(-4)+0] = 0 \\ X_1 = \dfrac{1}{4}[4-j0-(-4)+j0] = 2 \\ X_2 = \dfrac{1}{4}[4-0+(-4)-0] = 0 \end{cases} \quad (1.29)$$

となる。これまでと同じように，「**仮説1**」と「**仮説2**」に基づいて式 (1.29) のフーリエ変換値を翻訳すれば，

$$\begin{cases} X_{-1} = 2 \;\;\Rightarrow\;\; \text{「山と谷の数が（-1）個で，振幅は 2」} \\ X_1 = 2 \;\;\Rightarrow\;\; \text{「山と谷の数が 1 個で，振幅は 2」} \\ X_0 = X_2 = 0 \;\;\Rightarrow\;\; \text{「そのほかの信号は含まれない」} \end{cases}$$
$$(1.30)$$

となろう。しかしながら，これでは図1-15(b) に見る振幅「4」が得られていない。そこで，新たな仮説を考える。

第1章 フーリエ変換を初体験しよう！

> **仮説3**：山と谷の数が正 (X_ℓ) と負 ($X_{-\ell}$)
> $X_{-\ell}$ と X_ℓ をペアとみなし（またその下付き数字は絶対値を採用し，山と谷の数を表す），2つの和 ($|X_{-\ell}|+|X_\ell|$) が信号波形の振幅の最大値を表す。

そうすると，「**仮説3**」を適用して，式 (1.30) のフーリエ変換値 $\{X_\ell\}_{\ell=-2}^{\ell=2}$ を翻訳すれば，

$$\begin{cases} X_1 = 2, X_{-1} = 2 \Rightarrow \text{「山と谷の数が1個で，振幅は4} \\ \qquad\qquad (=|X_{-1}|+|X_1|=2+2) \text{ の cos 波」} \\ X_0 = X_2 = 0 \Rightarrow \text{「そのほかの信号は含まれない」} \end{cases}$$

(1.31)

となり，山と谷の数と振幅が同時に抽出されていることがわかる。

3つの仮説による解釈から，もうおわかりでしょう。<u>フーリエ変換を行うと，山と谷の数と振幅を同時に見つけ出すことができる</u>のだ。筆の先の仕事とはいえ，なかなかうまくいくもんでしょう，フッフッフ……。

1.5
フーリエ変換で見る信号波形の特徴

◆波の重ね合わせ

……と得意になってみたのはいいのだが，これだけでは，

「何だ,むだな手間をかけてるだけじゃないか? 別に式(1.17)の計算なんかしなくても,山と谷の数がいくつで振幅がいくらかなんてことは, 図1-15 のような波形のグラフを見ればすぐにわかるのに」

と,不満に思う読者もあるかもしれない。しかし,これがまったくむだな手間ではないのだ。試しに, 図1-17 に示したような信号波形を見てみよう。

どうでしょう。山と谷の数や振幅をどう測ればよいか,図を一見しただけではちょっとわからないのでは。それもそのはず, 図1-17 の信号は,2つ以上の波を合成したもの(合成波)なのである。

 物理でいう「波の重ね合わせ」という現象を知っている人もいるだろう。2つ以上の波が同じ場所に重なると,新しい波形が現れるのだ。

合成波を表す4つの信号値に,フーリエ変換をやってみるとどうなるだろうか? フーリエ変換を計算するには,式

図1-17 合成波(波の重ね合わせ)

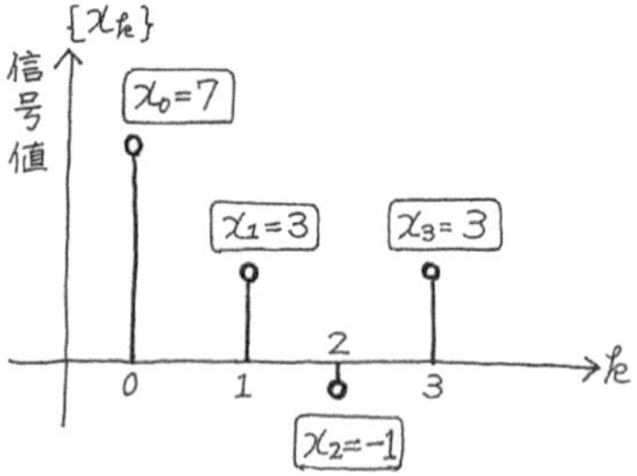

(1.17) を適用すればよい。式 (1.17) に $\{x_0=7, x_1=3, x_2=-1, x_3=3\}$ を代入することにより,この信号波形のフーリエ変換値 $\{X_\ell\}_{\ell=-1}^{\ell=2}$ は次のように求められる。

$$\begin{cases} X_{-1} = \dfrac{1}{4}[7+j3-(-1)-j3] = 2 \\ X_0 = \dfrac{1}{4}[7+3+(-1)+3] = 3 \\ X_1 = \dfrac{1}{4}[7-j3-(-1)+j3] = 2 \\ X_2 = \dfrac{1}{4}[7-3+(-1)-3] = 0 \end{cases} \quad (1.32)$$

(物理的解釈)

$$\begin{cases} X_0 = 3 \quad \Rightarrow \quad \text{「山と谷の数が 0 個で,振幅が } 3(=X_0) \text{ の直流」} \\ X_1 = 2, X_{-1} = 2 \quad \Rightarrow \quad \text{「山と谷の数が 1 個で,振幅が 4} \\ \qquad\qquad (=|X_{-1}|+|X_1|=2+2) \text{ の cos 波」} \\ X_2 = 0 \quad \Rightarrow \quad \text{「山と谷の数が 2 個の信号は含まれない」} \end{cases} \quad (1.33)$$

式 (1.33) の物理的解釈より,図1-17 の信号波形は,山と谷の数を異にする 2 つの波に分解できることがわかる 図1-18 。つまり,図1-17 の合成波は,

$$(振幅が 3 の直流) + \begin{pmatrix} \text{山と谷の数が 1 個で,} \\ \text{振幅が 4 の cos 波} \end{pmatrix} \quad (1.34)$$

である。

1 つの cos 波だけで表すことができる現象は自然界では稀で,ふつうは,いくつもの cos 波が重なり合った複雑な波形を扱う必要がある。そんな波形の特徴を見極めたいときに,

図1-18 フーリエ変換値の翻訳例

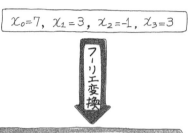

図1-19 フーリエ変換と周波数スペクトル

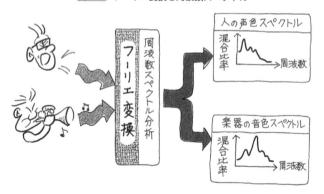

フーリエ変換が威力を発揮するのだ。波形の山と谷の数の違いに基づく cos 波の周波数成分ごとの分解こそ、フーリエ変換の"命"なのである。

第1章　フーリエ変換を初体験しよう！

なお，複数の cos 波に分解したものは**周波数スペクトル**と呼ばれ，ある波形に含まれる周波数ごとの波の"混合比率"を与える．人の声色や楽器の音色の違いも，周波数スペクトルによって表される 図1-19 ．

◆重なり合った波も分解できる

引き続いて，図1-20 のディジタル信号波形を，山と谷の数の違いによって分解してみよう．フーリエ変換すればよいので，4 つの信号値 $\{x_0=13, x_1=-3, x_2=5, x_3=-3\}$ を式 (1.17) に代入する．

$$\begin{cases} X_{-1} = \dfrac{1}{4}[13+j(-3)-5-j(-3)] = 2 \\ X_0 = \dfrac{1}{4}[13+(-3)+5+(-3)] = 3 \\ X_1 = \dfrac{1}{4}[13-j(-3)-5+j(-3)] = 2 \\ X_2 = \dfrac{1}{4}[13-(-3)+5-(-3)] = 6 \end{cases} \quad (1.35)$$

図1-20 ディジタル信号波形

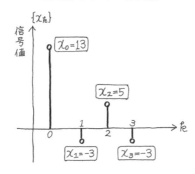

図1-21 図1-20のディジタル信号波形の周波数スペクトル分解

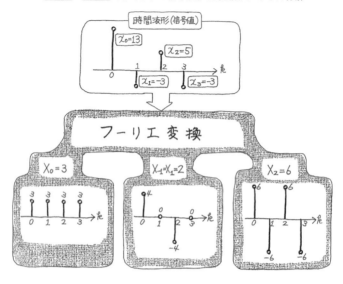

(物理的解釈)

$$\begin{pmatrix} X_0 = 3 & \Rightarrow & \text{「山と谷の数が0個で,振幅が}3(=X_0)\text{の直} \\ & & \text{流」} \\ X_1 = 2, X_{-1} = 2 & \Rightarrow & \text{「山と谷の数が1個で,最大振幅が} \\ & & 4(=|X_{-1}|+|X_1|=2+2)\text{のcos波」} \\ X_2 = 6 & \Rightarrow & \text{「山と谷の数が2個で,最大振幅が}6(=X_2) \\ & & \text{のcos波」} \end{pmatrix}$$

(1.36)

これまでに比べ,より複雑な組み合わせの信号であることがわかるが,式(1.36)より,

第1章 フーリエ変換を初体験しよう!

$$\begin{pmatrix}振幅が3\\の直流\end{pmatrix} + \begin{pmatrix}山と谷の数が1個で,\\振幅が4のcos波\end{pmatrix}$$
$$+ \begin{pmatrix}山と谷の数が2個で,\\振幅が6のcos波\end{pmatrix} \quad (1.37)$$

と導かれる。つまり，図1-20 の信号波形は，山と谷の数が0個の直流と，山と谷の数が1個，2個の2種類のcos波とに分解されることがわかる 図1-21 。

このように，時間信号波形をフーリエ変換することによって，山と谷の数による信号分解が紙の上で簡単にできるのである。**序章**で説明した「ワインを産地別のブドウ成分に分解する」のとちょうど同じ意味合いをもつことに，納得いただけると思う。

＼ナットク／の例題1-1

図1-22 に示すような信号がある。この4つの信号値 $x_0 \sim x_3$ に対するフーリエ変換値を求めてほしい。

また，この波を，直流，山と谷の数が1個のcos波，山と谷の数が2個のcos波の3つに分解すると，それぞれの振幅はいくらだろうか？

図1-22 例題1-1の信号波形

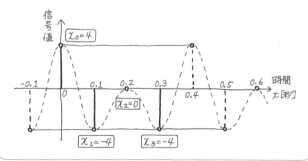

答えはこちら

4つの信号値 $\{x_0=4, x_1=-4, x_2=0, x_3=-4\}$ を式（1.17）に代入してフーリエ変換値を計算する。

$$\begin{cases} X_{-1} = \dfrac{1}{4}[4+j(-4)-0-j(-4)] = 1 \\ X_0 = \dfrac{1}{4}[4+(-4)+0+(-4)] = -1 \\ X_1 = \dfrac{1}{4}[4-j(-4)-0+j(-4)] = 1 \\ X_2 = \dfrac{1}{4}[4-(-4)+0-(-4)] = 3 \end{cases} \quad (1.38)$$

すると，

$$\begin{cases} X_0 = -1 \;\;\Rightarrow\;\; \text{「山と谷の数が0個で，振幅が} -1(=X_0) \text{の直流」} \\ X_1 = 1, X_{-1} = 1 \;\;\Rightarrow\;\; \text{「山と谷の数が1個で，振幅が} 2(=|X_{-1}| \\ \qquad\qquad\qquad\qquad\qquad +|X_1|=1+1) \text{の cos 波」} \\ X_2 = 3 \;\;\Rightarrow\;\; \text{「山と谷の数が2個で，振幅が} 3(=X_2) \text{の cos 波」} \end{cases} \quad (1.39)$$

という物理的解釈によって，それぞれの振幅が求められる。

ついでに，cos 波 X_1 の周波数も求めておこう。山と谷の数というのは，周波数に対応する数字ではあるが，そのまま［Hz］単位の数値を表すわけではないのだった。図1-22 からわかるように，データをとった 0.4［秒］の範囲に山と谷が1組あるから，X_1 の周波数は，

$$\frac{1}{0.4\,[\text{秒}]} = 2.5\,[\text{Hz}]$$

と考えるのである。また，X_2 の周波数は X_1 の周波数（2.5［Hz］）の2倍だから，$2.5 \times 2 = 5$［Hz］である。

第 1 章 フーリエ変換を初体験しよう！

1.6
逆フーリエ変換を知ろう

◆連立方程式を解いて逆フーリエ変換を求めよう

　こんどは，フーリエ変換値である周波数スペクトル（山と谷の数と振幅）の値から，もとの時間波形を再現することを考えてみる。

　いま，周波数スペクトル値が，

$$\{X_{-1}, X_0, X_1, X_2\} \tag{1.40}$$

とわかっているものとする。式 (1.2) で表される逆フーリエ変換の四則計算式を導き出してみよう（詳細は**第 3 章**で）。式を導くにあたって，フーリエ変換の計算式（式 (1.17)）を再度挙げておく。

$$\begin{cases} X_{-1} = \dfrac{1}{4}[x_0 + jx_1 - x_2 - jx_3] & (1.41) \\[6pt] X_0 = \dfrac{1}{4}[x_0 + x_1 + x_2 + x_3] & (1.42) \\[6pt] X_1 = \dfrac{1}{4}[x_0 - jx_1 - x_2 + jx_3] & (1.43) \\[6pt] X_2 = \dfrac{1}{4}[x_0 - x_1 + x_2 - x_3] & (1.44) \end{cases}$$

　先に結論をいわせてもらえば，式 (1.41)〜(1.44) を，4 個の未知変数 $\{x_0, x_1, x_2, x_3\}$ に関する連立方程式とみなして，方程式の解を効率的に算出する手順が逆フーリエ変換の計算

に相当するのである。中学校で学んだ連立方程式の解法としては「代入法」や「加減法」がよく知られているが、ここでは「変数一括消去法」とでもネーミングしたくなる、超がつくほど簡単な手法を紹介する。

 ただし、もちろんながら、この変数一括消去法はどんな連立方程式にでも使えるものではない。あくまで、式(1.41)～(1.44)という特別な場合に便利な方法なのである。

手始めに、未知変数の1つ x_1 を算出する手順を示そう。考え方は、上記4つの式の[ ]内の x_1 の係数それぞれの複素共役を両辺に乗じ、総和をとるのである（**計算のツボ 1-3** を参照）。

たとえば、式(1.41)の x_1 の係数は j なので、複素共役は $(-j)$ となる。この $(-j)$ を両辺に乗じて、さらに $j^2 = -1$（**計算のツボ 1-2** を参照）を用いれば、

$$-jX_{-1} = \frac{1}{4}[-jx_0 - j^2 x_1 + jx_2 + j^2 x_3]$$

$$= \frac{1}{4}[-jx_0 - (-1)x_1 + jx_2 + (-1)x_3] \quad (1.45)$$

という関係が得られる。

ほかも同様で、式(1.42)～(1.44)における x_1 の係数の複素共役がそれぞれ順に、$1, j, (-1)$ なので、これらの値を両辺に乗じて、次のように計算される。

$$X_0 = \frac{1}{4}[x_0 + x_1 + x_2 + x_3] \quad (1.46)$$

$$jX_1 = \frac{1}{4}[jx_0 - j^2 x_1 - jx_2 + j^2 x_3]$$

$$= \frac{1}{4}[jx_0 - (-1)x_1 - jx_2 + (-1)x_3] \quad (1.47)$$

$$-X_2 = \frac{1}{4}[-x_0 + x_1 - x_2 + x_3] \quad (1.48)$$

以上より，式 (1.45)〜(1.48) を整理したものは，

$$\begin{cases} -jX_{-1} = \frac{1}{4}[-jx_0 + x_1 + jx_2 - x_3] \\ X_0 = \frac{1}{4}[x_0 + x_1 + x_2 + x_3] \\ jX_1 = \frac{1}{4}[jx_0 + x_1 - jx_2 - x_3] \\ -X_2 = \frac{1}{4}[-x_0 + x_1 - x_2 + x_3] \end{cases} \quad (1.49)$$

となる．指示に従って，右辺ごと，左辺ごとに総和をとると，あっと驚かれるであろう．すなわち，x_0, x_2, x_3 に関する係数をすべて消去する（0 にする）ことができて，

$$-jX_{-1} + X_0 + jX_1 - X_2$$
$$= \frac{1}{4}\underbrace{[-j+1+j-1]}_{0}x_0 + \frac{1}{4}\underbrace{[1+1+1+1]}_{4}x_1$$
$$+ \frac{1}{4}\underbrace{[j+1-j-1]}_{0}x_2 + \frac{1}{4}\underbrace{[-1+1-1+1]}_{0}x_3 = x_1$$

となり，いとも簡単に未知数 x_1 の値が得られるのである．

ほかの未知数の値も，同様な計算により，

図1-23 逆フーリエ変換とは

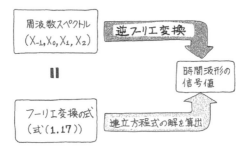

$$\begin{cases} x_0 = x(0) = X_{-1}+X_0+X_1+X_2 \\ x_1 = x(\Delta t) = -jX_{-1}+X_0+jX_1-X_2 \\ x_2 = x(2\Delta t) = -X_{-1}+X_0-X_1+X_2 \\ x_3 = x(3\Delta t) = jX_{-1}+X_0-jX_1-X_2 \end{cases} \quad (1.50)$$

と算出することができる(検証は各自で行ってもらいたい)。

式 (1.17) で表されたフーリエ変換の式を, $x_0 \sim x_3$ についての連立方程式と見ることで, 式 (1.50) にたどり着いた。あたかも, $x_0 \sim x_3$ から $\{X_\ell\}_{\ell=-1}^{\ell=2}$ を算出したフーリエ変換の逆を行っているようなものである。そこで, この式 (1.50) で表される関係を, **逆フーリエ変換**と呼ぶ 図1-23 。

計算の ツボ 1-3　　共役な複素数(複素共役)

共役な複素数(略して複素共役)とは, 式 (1.21) で表される複素数 $\boldsymbol{w}=a+jb$ に対して, 図1-24 のように複素平面上の実軸(横軸に相当)に対して線対称で, 虚数部の符号を反転させたものである。すなわち, $\boldsymbol{w}$ の複素共役を $\overline{\boldsymbol{w}}$ と表せば,

$$\overline{\boldsymbol{w}} = a-jb \quad (1.51)$$

第1章 フーリエ変換を初体験しよう！

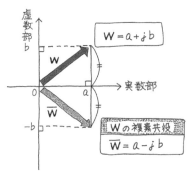

図1-24 複素共役とは

となり，ちょうど鏡に映したときの実像と虚像との関係になっていることから「鏡像関係にある」ともいう。

（計算例）

3の複素共役 $=\overline{3}=3$

$(-j5)$の複素共役 $=\overline{-j5}=j5$

$(2+j7)$の複素共役 $=\overline{2+j7}=2-j7$

◆1個のスペクトル値から，4個の信号値が！

では実際に，図1-15 の時間波形に対応する 図1-25 に示す信号スペクトル $\{X_{-1}, X_0, X_1, X_2\}$ の逆フーリエ変換を求めてみることにしよう。

まずは 図1-25(a) の逆フーリエ変換だ。式（1.50）に基づいて計算した結果は，

$$\begin{cases} x_0 = 0+3+0+0 = 3 \\ x_1 = -j0+3+j0-0 = 3 \\ x_2 = -0+3-0+0 = 3 \\ x_3 = j0+3-j0-0 = 3 \end{cases} \quad (1.52)$$

図1-25 信号スペクトルの例

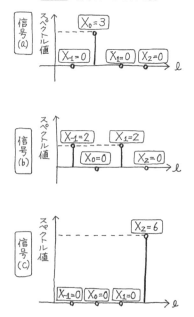

となって，**図1-15(a)**に示す時間的に信号値が一定の直流が求まる。自慢じゃあないけど，えっへん，見事なものでしょ。

ところで，**図1-25(a)**の周波数スペクトル X_0 について，このたった1個のデータから，時間波形の4個の信号値 $\{x_0, x_1, x_2, x_3\}$ がすべてわかることに気づかれたであろうか（なぜならこの場合，式（1.50）に代入する X_{-1}, X_1, X_2 の値はみな0だから）。

つまり，時間波形の4個の信号値を，たった1個の周波数スペクトルのデータで置き換えることが可能なのだ。これはとりもなおさず，<u>データ量を1/4に減らせる</u>ということであ

70

る．同様に，残りの2つの波形 図1-15(b)(c) もデータ量を減らせることがわかる．

逆フーリエ変換のこのような特徴は，画像や音声のデータを圧縮するための基本的な考え方を暗示しており，現にJPEGやMPEGで代表される画像データ圧縮や，MP3の音楽データ圧縮などに，この原理が応用されている．

- **JPEG** 「ジェイペグ」と読む．Joint Photographic Experts Groupの略称で，静止画像などを圧縮，伸長させる機能を実現する規格．インターネット上の画像データによく使われる．
- **MPEG** 「エムペグ」と読む．Moving Picture Experts Groupの略称で，リアルタイム（実時間）で動画像と音声の圧縮・伸長の機能を実現する規格．ディジタルテレビ放送で利用される．
- **MP3** 「エムピースリー」と読む．MPEG Audio Layer-3の略称で，音声データのディジタル圧縮技術．オーディオ・楽音用として使われる．

◆もう1つやってみる

また，フーリエ変換値 $\{X_\ell\}_{\ell=-1}^{\ell=2}$ が 図1-25(b) に示すように，
$$\{X_{-1} = 2, X_0 = 0, X_1 = 2, X_2 = 0\} \tag{1.53}$$
であるときは，式（1.50）より，
$$\begin{cases} x_0 = 2+0+2+0 = 4 \\ x_1 = -j2+0+j2-0 = 0 \\ x_2 = -2+0-2+0 = -4 \\ x_3 = j2+0-j2-0 = 0 \end{cases} \tag{1.54}$$

となる。つまり，この波形の信号の大きさ（信号値）は，$\{4, 0, -4, 0\}$ となって，式（1.53）の周波数スペクトルの物理的解釈，すなわち「山と谷の数が1個で，振幅は $4(=|X_{-1}|+|X_1|=2+2)$ の cos 波で，そのほかの信号は含まれない」ことの妥当性が立証される。

1.7 逆フーリエ変換で合成される信号波形

◆ややこしい周波数スペクトルでも…

たとえば，**図1-26** に示すような信号スペクトルの逆フーリエ変換を求め，物理的な意味を調べてみよう。

一見して，これまでよりも複雑な周波数スペクトルをもつ信号であるが，式（1.50）を適用して逆フーリエ変換値を計算してみる。それには，フーリエ変換値（つまり周波数スペ

図1-26 周波数スペクトルの例

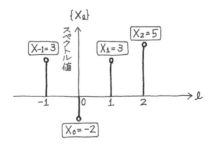

クトル）$\{X_{-1}=3, X_0=-2, X_1=3, X_2=5\}$ を代入することにより，信号値 $\{x_k\}_{k=0}^{k=3}$ が次のように求められる。

$$\begin{cases} x_0 = 3+(-2)+3+5 = 9 \\ x_1 = -j3+(-2)+j3-5 = -7 \\ x_2 = -3+(-2)-3+5 = -3 \\ x_3 = j3+(-2)-j3-5 = -7 \end{cases} \quad (1.55)$$

いま，周波数スペクトル $\{X_{-1}=3, X_0=-2, X_1=3, X_2=5\}$ の物理的解釈，すなわち，

$$\begin{cases} X_0 = -2 \quad \Rightarrow \quad \text{「山と谷の数が0個で，振幅が} -2(=X_0) \\ \qquad\qquad\qquad\qquad\text{の直流」} \\ X_1 = 3, X_{-1} = 3 \quad \Rightarrow \quad \text{「山と谷の数が1個で，振幅が} 6(= \\ \qquad\qquad\qquad\qquad |X_{-1}|+|X_1|) \text{の cos 波」} \\ X_2 = 5 \quad \Rightarrow \quad \text{「山と谷の数が2個で，振幅が} 5(=X_2) \text{ の} \\ \qquad\qquad\qquad\qquad \text{cos 波」} \end{cases}$$

(1.56)

を考慮すれば，式 (1.55) の信号波形は，3つの時間波形を合成したものを表していることがわかる。**図1-27** では，**図1-26** の山と谷の数で分解された周波数スペクトルをもつ信号波形が確かに再合成されており，式 (1.50) の逆フーリエ変換は妥当なのだ。

◆ 2つの世界の架け橋

逆フーリエ変換は，ちょうど**序章**で説明した「ワインを好みの味に合成する」のと同じ意味合いだと気づかれた人も多いのではないだろうか。要は，逆フーリエ変換を使えば，cos 波の成分ごとに分解された周波数スペクトルをもつ1つの信号波形を再び合成できるわけである。たとえば，人の声色や

図1-27 逆フーリエ変換に基づく信号波形の再合成

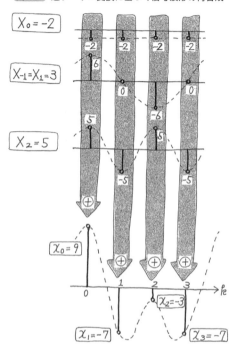

楽器の音色などの周波数スペクトルがわかれば，逆フーリエ変換を適用して，人の声，ドラムやバイオリンなどの音色を四則演算のプログラムで再現することも可能となる。

まとめてみると，

フーリエ変換の意味合い
- 山と谷の数（つまりは周波数）による信号の分解
- 信号の「時間領域」表現（時間波形）から「周波数領域」

表現（周波数波形）への変換
- ワインを産地別のブドウに分解する（**序章を参照**）

逆フーリエ変換の意味合い
- 周波数スペクトルからの信号波形の再合成
- フーリエ変換を表す連立方程式（式（1.17））の解
- 信号の「周波数領域」表現から「時間領域」表現への変換
- ワインを好みの味に調整する（**序章を参照**）

ということになる。フーリエ変換と逆フーリエ変換は，信号の「時間領域」表現と「周波数領域」表現との相互変換なのだ。もっといえば，

「時間領域」表現
　横軸を時間にして信号波形を観察（表現）する世界で，私たちが直接感じることができる「現実的な世界」

「周波数領域」表現
　横軸を周波数（山と谷の数）にして，信号波形を観察（表現）する世界で，「変換」された「仮想的な世界」

なのである。
　一般に「変換（transform）」という言葉がつくと，「表現方法を変える」ことを表す。つまり，「時間領域」表現あるいは「周波数領域」表現のどちらか都合のよいほうが使えるわけだ。

ナットクの例題 1-2

図1-28 に示す信号スペクトルの逆フーリエ変換を求め，物理的な意味を解釈していただきたい。

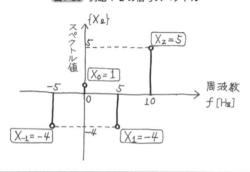

図1-28 例題 1-2 の信号スペクトル

> **答えはこちら**

式 (1.50) を適用して，逆フーリエ変換値 $\{x_k\}_{k=0}^{k=3}$ を計算すればよい。

$$\begin{cases} x_0 = (-4)+1+(-4)+5 = -2 \\ x_1 = -j(-4)+1+j(-4)-5 = -4 \\ x_2 = -(-4)+1-(-4)+5 = 14 \\ x_3 = j(-4)+1-j(-4)-5 = -4 \end{cases} \quad (1.57)$$

式 (1.57) の信号波形は，周波数スペクトル $\{X_{-1} = -4, X_0 = 1, X_1 = -4, X_2 = 5\}$ の物理的解釈，すなわち，

$$\begin{cases} X_0 = 1 \Rightarrow \text{「山と谷の数が 0 個で，振幅が 1 の直流」} \\ X_1 = -4, X_{-1} = -4 \Rightarrow \text{「山と谷の数が 1 個で，振幅が 8} \\ \qquad (=|X_{-1}|+|X_1|)\text{の符号反転した} \\ \qquad \cos 波」 \\ X_2 = 5 \Rightarrow \text{「山と谷の数が 2 個で，振幅が 5 の cos 波」} \end{cases}$$

(1.58)

であることを考慮すれば，上記の 3 つの時間波形を合成したものに等しいことがわかる 図1-29 。

第1章 フーリエ変換を初体験しよう！

図1-29 例題1-2の逆フーリエ変換による信号波形の合成

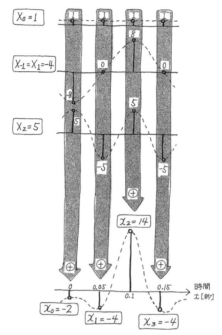

ここで，スペクトルの周波数間隔が Δf [Hz]（周波数分解能に相当）のとき，信号波形の時間間隔 Δt は，

$$\Delta t = \frac{1}{(周波数分解能) \times (分割数)} \ [秒] \tag{1.59}$$

で与えられる。**図1-28** より $\Delta f = 5$ [Hz] なので，時間間隔は，

$$\Delta t = \frac{1}{5 \times 4} = \frac{1}{20} = 0.05 \ [秒]$$

となる。

よって，$\Delta f = 5$ を用いると，式 (1.58) より，時間波形 $x(t)$ は，

$$\begin{aligned}
x(t) &= 1 - 8\cos\{2\pi \times (\Delta f) \times t\} + 5\cos\{2\pi \times (2\Delta f) \times t\} \\
&= 1 - 8\cos(10\pi t) + 5\cos(20\pi t)
\end{aligned} \tag{1.60}$$

と表される。

77

第 2 章

フーリエ変換を体感する前に

魔法の信号数学をマスターしよう

これまでは，「フーリエ変換って，何？」とか，「フーリエ変換で何ができるの？」といった素朴な疑問に答える形で，フーリエ変換について述べてきた。しかしながら，もう少し広く，そして深くフーリエ変換を学んでいくためには，どうしても数学パワー，特に**複素数**をはじめとする知識を借りなくてはいけない。

　ある意味では，これも仕方がないことではある。つまり音であれ電気であれ，多種多様な信号がもともと物理的な量を示すものであったとしても，それがいったん関数や数値データの列に置き換えられてしまったら，そこから先は，関数あるいは数値をいかにして処理するかという"数学的な問題"に帰着されてしまうのだから。好むと好まざるとにかかわらず，数学的な取り扱いを避けては通れないのだ。

　ところが，こう書くと，よほど数学の好きな人でないかぎり，フーリエ変換を理解するのは困難なように思われるかもしれない。「複素数」という言葉を聞いただけで恐れおののき，拒否反応を示す人が少なくないのもよく知られた事実である。そのような危惧（きぐ）もあって，この章ではみなさんに軽く数学のウォーミングアップをしてもらうことにした。

　複素数のすばらしさを一度味わってしまうと，フーリエ変換をはじめとする信号解析で手放せなくなるツール（道具）になるので，みなさんにはこの壁はぜひとも乗り越えてもらいたいと思う。筆者からのたってのお願いである。

第2章 フーリエ変換を体感する前に

2.1
複素数とは何ぞや？

◆複素数は魔法の杖

最初は，"魔法の杖"ともいえる複素数に関する話から。ざっと読んでもらえれば，第3章以降で登場する，いろいろな数式の背景となっている考え方を理解するのに役立つはずだ。ちょうどマジックのタネ明かしと同じで，一見複雑そうな数式も，背景がわかれば，その成り立ちや意味が把握でき，「あっ，そうだったのか」と納得できるに違いないからだ。

さて，数学の世界では，道具を使ったり頭で考えたりするのに便利なように，いろいろな数が創り出されてきた。いわゆる「数の歴史」で，自然数，負数，0の発見，分数，小数，平方根，実数，虚数などが例として挙げられるだろう 図2-1 。

このうち，虚数はちょいとばかりわかりにくい。英語のimaginary numberの和訳だが，世の中に存在しない想像上の数といった意味合いで，「仮想数」と表現したほうが理解しやすいのかもしれない。虚数の定義は，

「**虚数**（純虚数）とは，2乗（自乗）するとマイナスになる数のことである。特に，2乗すると -1 になる数（つまり -1 の平方根 $\sqrt{-1}$ ）を**虚数単位**と呼び，記号 j で表す」

である（**計算のツボ 1-2** 参照）。

2乗してマイナス（$-$，負）になる数なんて，もちろん現実の世界に存在するはずはない。この虚数は，現実の世界から

図2-1 いろいろな数の誕生

仮想の世界への橋渡しを可能にする,数の歴史の革命ともいえる画期的な発明であった。こんな実在しない数が,フーリエ変換の世界を支配し,大手を振って闊歩しているわけで,虚数を用いた複素数を筆者が"魔法の杖"と称する理由もそこにある。特に,虚数は交流を取り扱うときに威力を発揮するので,みなさんにはしっかりとマスターしてもらいたい。

◆実数＋虚数＝複素数

さて,aとbを実数とするとき,

$$a+jb \tag{2.1}$$

と表される数が**複素数**と呼ばれることは,**第1章**でも述べた。式 (2.1) において,

$$\begin{cases} a \text{は現実の世界の数(実数)} \\ jb \text{は仮想の,すなわちフィクション世界の数(虚数)} \end{cases}$$

図2-2 複素数は現実と仮想の両方の世界を飛び回れる

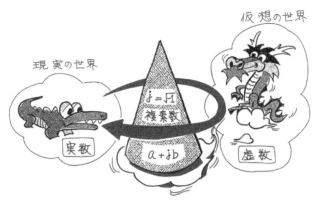

であり，2つの性質の異なる数を複合したものなので，英語では complex number（複合数）と呼ばれている．日本語の訳「複素数」より，複合数といったほうがより直感的かもしれない．

このように，複素数は現実の世界と仮想の世界との両方に足を突っ込んだミステリアスな数なのだ．そのうえ，現実の世界と仮想の世界との間を自由に行き来できるもので，まさに複素数は"魔法の杖"といえよう 図2-2．そして「ソムリエのフーリエさんは，その杖を絶対もってるね．うらやましいかぎり……」との陰の声あり．

2.2 複素数をビジュアル化してみよう

◆まずはベクトルの復習から

式 (2.1) が複素数であるといっても，なかなかピンとはこないだろう。そこで，複素数をビジュアル化して一目でわかるように表現してみたい。それには，矢印のように方向をもった線分，つまりベクトルの助けを借りなければならない。

まずは簡単な定義から。いま，図2-3 に示すように平面上にA, Bの2点をとり，点Aから点Bへ向かう矢印（→）を描く。この矢印は，方向をもつ線分という意味で**有向線分**と呼ばれ，$\overrightarrow{AB}$（あるいは$\vec{a}$，太字 $\boldsymbol{a}$ を使うこともある）と表される。この有向線分 $\overrightarrow{AB}$ のことを**ベクトル**と呼び，「大きさ（長さ）」と「方向」の2つのパラメータをもつ。ここで，矢印の根元（点A）をベクトルの**始点**，矢印の先端（点B）を**終点**という。

図2-3 ベクトル（有向線分）とは

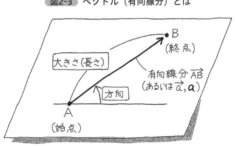

図2-4 ベクトル和の計算

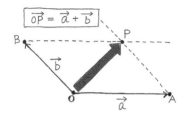

　手始めにベクトルとベクトルを足し合わせることから考えよう。 図2-4 のように2つのベクトルを $\vec{a}=\overrightarrow{OA}$, $\vec{b}=\overrightarrow{OB}$ とするとき,

$$\vec{a}+\vec{b} = \overrightarrow{OA}+\overrightarrow{OB} = \overrightarrow{OP} \tag{2.2}$$

として，ベクトル和（ベクトルを加算した結果）が定義される。 図2-4 では，平行四辺形を描いて，式 (2.2) のベクトル和を3つの線分（長辺，短辺，対角線）に対応づけて求めている。簡単に，ベクトル和を求める手順を記しておこう（**フーリエ亭のお得だね情報❶**も参照）。

手順1 $\vec{a}$ の終点 A から $\vec{b}$（線分 OB）と平行な直線を点線で引く。

手順2 $\vec{b}$ の終点 B から $\vec{a}$（線分 OA）と平行な直線を点線で引き，2つの平行な直線の交点を P とする。すなわち，平行四辺形 BOAP が描かれることになる。

手順3 点 O を始点，交点 P を終点とするベクトル $\overrightarrow{OP}$ を引く。

フーリエ亭の
お得だね情報❶

ベクトル和

K男「ベクトル和の説明は何となく抽象的で,よくわからん」

T子「中学校の理科実験で習った『力の合成』を思い出してみればいいのよ。K男さんは理数系がさっぱりなようだけど,私が教えてあげる。たとえば, 図2-5(a) のように, M之助さんとK男さんが大きな石を押したときの石の動きを考えてみてよ」

図2-5 ベクトル和とは

(a) 力の合成　　　(b) 川の流れとボート

K男「そんなの簡単さ。僕が押す力のベクトル$\vec{a}$とM之助が押すベクトル$\vec{b}$の足し算で,石の動く方向と速さが決まるよ」

T子「そう,それがベクトル和よ」

K男「ああ,なるほど。ベクトル和ってこんなところでも使われてるんだ。ほかにも,いろいろとベクトル和の例がありそうだ……」

T子「そうね,思いついたわ。手こぎボートで川を横切るとき,ボートの動きと川の流れをベクトルで表せば, 図2-5(b) のようにベクトル和を適用できるわよ。読者のみなさんも考えてみてちょうだい」

◆ベクトルの複素数による表現

さて,点OをXY平面上の原点とし,ベクトル$\vec{a}$をその平面上のX軸上,$\vec{b}$をY軸上に対応させることを考えてみよう。すると,

第 2 章 フーリエ変換を体感する前に

図2-6 XY 平面とベクトルの複素表示

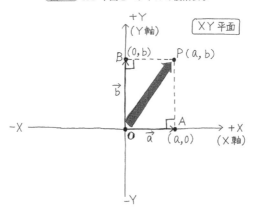

$$\vec{a} = (a, 0) \tag{2.3}$$
$$\vec{b} = (0, b) \tag{2.4}$$

と表されるわけで，長方形 BOAP が作られる **図2-6** 。このように 2 つのベクトル $\vec{a}$ と $\vec{b}$ が直角に交わるように定めた座標系は**直交座標**と呼ばれており，その平面上の位置は 2 つの数値で表されることになる。たとえば，**図2-6** の点 P は，

$$(a, b) \tag{2.5}$$

と表される。

以上のことに基づいて，式 (2.2) のようなベクトル和の形式で点 P を表す方法を紹介しておこう。まず，

$$\begin{cases} \text{ベクトル } \vec{a} \;\Rightarrow\; X \text{軸上は実数のみで「} a \text{」} \\ \text{ベクトル } \vec{b} \;\Rightarrow\; Y \text{軸上は虚数のみで「} jb \text{」} \end{cases} \tag{2.6}$$

と表記することにしてみよう。この表記法を利用すると，点 P の位置を示した式 (2.2) のベクトル和は，

$$\text{点 P の位置} = \vec{a} + \vec{b} = a + jb \tag{2.7}$$

87

となり,

$$a + jb \Leftrightarrow (a, b) \tag{2.8}$$

のように，ベクトル $a+jb$ は，XY 平面上の位置に 1 対 1 に対応づけることができる。この対応づけは**ベクトルの複素数による表現**と呼ばれる。ここで，式 (2.6)〜(2.8) に登場する j なる奇妙な記号が，この章の冒頭に書いた"魔法の杖の仕掛け"に相当するものなのである。

> なお，式 (2.6) に見るように，Y 軸方向のみに j がついているが，ここでは，Y 軸が X 軸とは垂直に交わっているという意味のおまじないぐらいに考えてもらえればよい（詳細は 2.4 節「直交座標と極座標を行き来してみよう」に後述）。

この何とも不思議な記号 j を信号表現の世界に取り込むことにより，面倒な交流の取り扱いが非常にシンプルになると同時に，信号処理の世界までもがグーンと広がりをもってくる。数学の"虚の世界"と信号の"実の世界"とが，虚数単位 j を接着剤にして深く結びつくのである。

◆複素数を 2 つの座標系で表現してみよう

ここでは，ビジュアル化した複素数の表現方法として，「直交座標系」と「極座標系」の 2 つを取り上げて説明する。

(1) 直交座標系による複素数の表現

さて，その平面上の点をベクトルと対応づけた平面のことを，**複素平面**という（**ガウス平面**ともいう）。それは 図2-6 に示した XY 平面とほぼ同じであるが，少し違っているところ

第 2 章 フーリエ変換を体感する前に

図2-7 複素平面と直交座標系による複素数の表現

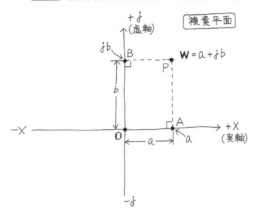

がある。**図2-7** のように、横軸（X 軸）は XY 平面と同じく実数を表す軸だが、縦軸（Y 軸）は虚数を表す軸である。つまり、XY 平面の縦軸が虚軸（j 軸）にとって代わった形となっている。

複素平面上において、式 (2.7) による表現が「直交座標」と呼ばれるものであり、いま複素数 $\boldsymbol{w}$ が、

$$\boldsymbol{w} = a + jb \tag{2.9}$$

と表されるとしよう **図2-7**。ここで、a は実数部（あるいは、実部）、b は虚数部（あるいは、虚部）と呼ばれる。

以下に、**図2-8** の複素平面上の点 P を直交座標で表現する手順を示す。

手順1 点 P から実軸、虚軸のそれぞれに垂直な線を引く。
図2-8 では、線分 PQ と PR である。
手順2 実軸との交点 Q の数値（$=a$）、虚軸との交点 R の数

89

図2-8 複素数を直交座標で表現する手順

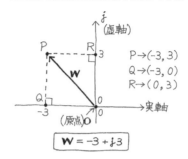

値（$=b$）を読み取る。図2-8 では，交点 Q は $a=-3$，交点 R は $b=3$ である。つまり，図2-8 の点 P は複素平面上の直交座標では $(-3, 3)$ と表されるのである。

手順3 式 (2.9) に当てはめる。すると，

$$w = (-3) + j3 = -3 + j3$$

と表される。

(2) 極座標系による複素数の表現

次に登場の**極座標**は，平たくいえば，複素数を長さ（$A>0$）と方向（θ）の2つのパラメータで表す方法である。すなわち，複素数 w を実数 A と複素指数 $j\theta$ とを使って，

$$w = Ae^{j\theta} \tag{2.10}$$

と表す 図2-9。この表し方は有名な「オイラーの公式」（後述，**計算のツボ 2-3** を参照）から簡単に導かれるものであるが，ここで e は**自然対数の底**で，A は**絶対値**，θ [rad] は**偏角**と呼ばれる。すなわち，絶対値 A はベクトル表現における長さに対応し，偏角 θ は方向に対応するものである。

第 2 章　フーリエ変換を体感する前に

図2-9 極座標系による複素数の表現

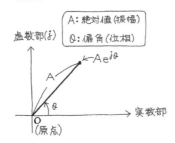

図2-10 複素数を極座標で表現する手順

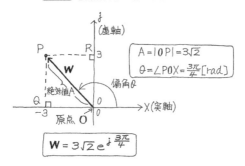

　以下に，**図2-10** の複素平面上の点 P を極座標で表現する手順を示す。

手順1 と **手順2** は，直交座標の場合に同じ。

手順3 点 P と原点 O を結ぶ線分 OP を引く。

手順4 直角三角形 POQ において，三平方の定理（ピタゴラスの定理）を適用することにより，線分の長さ $|OP|$，すなわち A を次式で計算する。

$$|OP| = \sqrt{a^2 + b^2} \ (=A) \tag{2.11}$$

よって，図2-10 では式（2.11）より，
$$|OP| = \sqrt{(-3)^2 + 3^2} = \sqrt{18} = 3\sqrt{2} \ (=A)$$
である。

なお，2つの三角定規の3辺の長さの比が $(1:1:\sqrt{2})$，$(1:\sqrt{3}:2)$ になることを覚えておくと，いろいろな場面で活用でき，便利である。

手順5 線分 OP と正の実軸（半直線 OX）とがなす角度 ∠POX，すなわち偏角 θ を求める。図2-10 では，
$$\angle POX = \frac{3\pi}{4}[\text{rad}] = 135[°] \ (=\theta)$$
である。

手順6 A と θ を式（2.10）に当てはめる。すると，
$$\boldsymbol{w} = 3\sqrt{2}e^{j\frac{3\pi}{4}}$$
と表される。

2.3
三角関係の話？

◆これが三角関数だ

愛憎渦巻く男と女のフクザツな関係……の三角関係とはまったく関係ない（使い古されたジョークでいささか恐縮）。三角関数とは，

図2-11 三角関数の定義

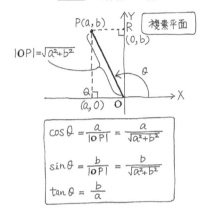

$$\cos\theta = \frac{a}{|OP|} = \frac{a}{\sqrt{a^2+b^2}}$$
$$\sin\theta = \frac{b}{|OP|} = \frac{b}{\sqrt{a^2+b^2}}$$
$$\tan\theta = \frac{b}{a}$$

$\begin{cases} \cos\ (コサイン,\ 余弦関数) \\ \sin\ (サイン,\ 正弦関数) \\ \tan\ (タンジェント,\ 正接関数) \end{cases}$

という3つの関数のことである。

 これら3つの三角関数の相互関係のことを，正式な数学用語で「三角関係」ということもある。ウソのようだが本当です。

いま，図2-11 の複素平面上において，点 P (a, b) と原点 O を直線で結び，さらに点 P から X 軸（実軸）に垂線を下ろし，実軸との交点を Q とする。このとき，線分 OP と正の X 軸（半直線 OX）とのなす角 $\angle POX$，すなわち角度 θ に対し，

線分 OP の長さ　$|OP|$ $(=\sqrt{a^2+b^2})$

点 P の X 座標の値 $(=a)$

点 P の Y 座標の値 $(=b)$

表2-1 三角関数の代表的な値

θ [rad]	$-\dfrac{\pi}{2}$	$-\dfrac{\pi}{3}$	$-\dfrac{\pi}{4}$	$-\dfrac{\pi}{6}$	0	$\dfrac{\pi}{6}$	$\dfrac{\pi}{4}$	$\dfrac{\pi}{3}$	$\dfrac{\pi}{2}$	$\dfrac{2\pi}{3}$	$\dfrac{3\pi}{4}$	$\dfrac{5\pi}{6}$	π	$\dfrac{3\pi}{2}$	2π
θ [°]	-90	-60	-45	-30	0	30	45	60	90	120	135	150	180	270	360
$\cos\theta$	0	$\dfrac{1}{2}$	$\dfrac{1}{\sqrt{2}}$	$\dfrac{\sqrt{3}}{2}$	1	$\dfrac{\sqrt{3}}{2}$	$\dfrac{1}{\sqrt{2}}$	$\dfrac{1}{2}$	0	$-\dfrac{1}{2}$	$-\dfrac{1}{\sqrt{2}}$	$-\dfrac{\sqrt{3}}{2}$	-1	0	1
$\sin\theta$	-1	$-\dfrac{\sqrt{3}}{2}$	$-\dfrac{1}{\sqrt{2}}$	$-\dfrac{1}{2}$	0	$\dfrac{1}{2}$	$\dfrac{1}{\sqrt{2}}$	$\dfrac{\sqrt{3}}{2}$	1	$\dfrac{\sqrt{3}}{2}$	$\dfrac{1}{\sqrt{2}}$	$\dfrac{1}{2}$	0	-1	0
$\tan\theta$	$\pm\infty$	$-\sqrt{3}$	-1	$-\dfrac{1}{\sqrt{3}}$	0	$\dfrac{1}{\sqrt{3}}$	1	$\sqrt{3}$	$\pm\infty$	$-\sqrt{3}$	-1	$-\dfrac{1}{\sqrt{3}}$	0	$\pm\infty$	0

の3つのパラメータを用いて,三角関数は次のように定義されている.

$$\cos\theta = \frac{a}{|\mathrm{OP}|} = \frac{a}{\sqrt{a^2+b^2}} \tag{2.12}$$

$$\sin\theta = \frac{b}{|\mathrm{OP}|} = \frac{b}{\sqrt{a^2+b^2}} \tag{2.13}$$

$$\tan\theta = \frac{b}{a} \tag{2.14}$$

このとき,式 (2.12)〜(2.14) より,

$$\tan\theta = \frac{\sin\theta}{\cos\theta} \tag{2.15}$$

$$(\cos\theta)^2 + (\sin\theta)^2 = \cos^2\theta + \sin^2\theta = 1 \tag{2.16}$$

という,すばらしい関係(三角関係?)が導かれる.

以上より,角度 θ に対する三角関数の代表的な値を **表2-1** に,また,三角関数のグラフを **図2-12(a)(b)(c)** に実線で示し,それぞれの特徴をまとめておく.

第 2 章 フーリエ変換を体感する前に

図2-12 三角関数のグラフ

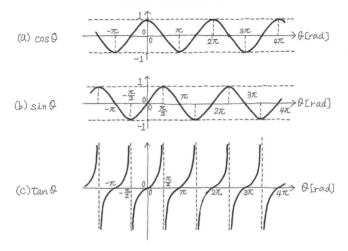

(a)の波形　$\cos\theta$

周期 2π [rad] ごとに同じ値になり，$\theta=0, \pm2\pi, \pm4\pi, \cdots$ のときに最大値（+1），$\theta=\pm\pi, \pm3\pi, \pm5\pi, \cdots$ のときに最小値（−1）をとる。また，横軸と交差する（$\cos\theta=0$ となる）のは $\theta=\pm\dfrac{\pi}{2}, \pm\dfrac{3\pi}{2}, \pm\dfrac{5\pi}{2}, \cdots$ のときである。

(b)の波形　$\sin\theta$

周期 2π [rad] ごとに同じ値になり，$\theta=\cdots, -\dfrac{3\pi}{2}, \dfrac{\pi}{2}, \dfrac{5\pi}{2},$ $\dfrac{9\pi}{2}, \cdots$ のときに最大値（+1），$\theta=\cdots, -\dfrac{\pi}{2}, \dfrac{3\pi}{2}, \dfrac{7\pi}{2}, \dfrac{11\pi}{2}, \cdots$ のときに最小値（−1）をとる。また，横軸と交差する（$\sin\theta=0$ となる）角度は，$\theta=0, \pm\pi, \pm2\pi, \pm3\pi, \pm4\pi, \pm5\pi, \cdots$ である。

図2-12(a)のグラフ $\cos\theta$ を横軸に $\dfrac{\pi}{2}$（=90°）だけ右へ平行

95

移動すると，図2-12(b)の実線で表すグラフ $\sin\theta$ になることがわかる。この $\frac{\pi}{2}$ だけ右への平行移動は，

$$\theta \to \theta - \frac{\pi}{2} \tag{2.17}$$

のように $\frac{\pi}{2}$ をマイナスした形のもので，変数（角度）を置き換えることに相当する。つまり，

$$\cos\left(\theta - \frac{\pi}{2}\right) = \sin\theta \tag{2.18}$$

という関係が成立するわけである。

同様に，グラフを $\frac{\pi}{2}$ だけ左に平行移動するときは，

$$\theta \to \theta + \frac{\pi}{2} \tag{2.19}$$

のように $\frac{\pi}{2}$ をプラスした形のもので，変数（角度）を置き換えることに相当する。よって，図2-12(a)のグラフ $\cos\theta$ を横軸に $\frac{\pi}{2}$ だけ左へ平行移動すると，

$$\cos\left(\theta + \frac{\pi}{2}\right) = -\sin\theta \tag{2.20}$$

であり，図2-12(b)のグラフの正負を反転したものになる。

なお，グラフを平行移動することを，

右への移動：「**遅らせる**」

左への移動：「**進ませる**」

とも表現する。

(c)の波形　$\tan\theta$

周期 π [rad] ごとに同じ値であり，$\theta = \pm\frac{\pi}{2},\ \pm\frac{3\pi}{2},\ \pm\frac{5\pi}{2},$ … のときに最大値（$+\infty$）と最小値（$-\infty$）をとる漸近線となる。また，横軸と交差する（$\tan\theta = 0$ となる）のは $\theta = 0,$ $\pm\pi,\ \pm 2\pi,\ \pm 3\pi,\ \pm 4\pi,$ … のときである。

2.4 直交座標と極座標を行き来してみよう

◆座標変換の威力

2.2節で述べたように,複素数 w の表現として直交座標 ($w=a+jb$) と極座標 ($w=Ae^{j\theta}$) がある 図2-13 。フーリエ変換では,この複素数の極座標表現を用いることによって,計算式がきわめて簡潔に表されることになる。また,信号のもつ物理的な意味をあぶり出す働きをするのが極座標であることは,特に記憶の奥底に留めておいてもらいたい。

(1) 直交座標から極座標への変換

図2-13 から明らかなように,

$$A = \sqrt{a^2+b^2} \tag{2.21}$$

$$\theta = \arctan(a, b) \tag{2.22}$$

となる関係を用いて,直交座標の実数部 a と虚数部 b の値か

図2-13 直交座標から極座標への変換

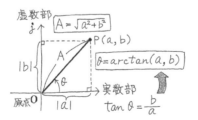

ら極座標の絶対値 A と偏角 θ が求められ，次のように変換される．

$$a+jb \Rightarrow Ae^{j\theta} \tag{2.23}$$

ここで，偏角 θ は $-\pi$ [rad]（$=-180°$）から $+\pi$ [rad]（$=+180°$）までの値をとる（**計算のツボ 2-1** を参照）．

計算のツボ 2-1　　arctan (a, b) について

逆正接関数 $\tan^{-1} x$ というのは，その名の通り正接関数 $\tan x$ の逆関数である．つまり，$\theta = \tan^{-1} x$ なる θ があるとき，θ は，
$\tan \theta = x$
を満たすような角度 $\left(-\dfrac{\pi}{2} < \theta < \dfrac{\pi}{2}\right)$ をとる **図2-14** ．tan の値はそもそも「直角三角形の直交する 2 辺の長さの比」にほかならないので，2 辺の長さの比 x がわかっているときに，それを与える角度 θ を求める関数 $\tan^{-1} x$ というものを考えるのはごく自然だ．

ところで，$\tan^{-1} x$ は複素平面上の $\pm\dfrac{\pi}{2}$（$\pm90°$）の範囲しか動かないのに対して，一般の θ は第 1 象限から第 4 象限まで動くことができる．逆にいえば，複素平面上の点 $\mathrm{P}(a+jb)$ がどの象限にあるのかを考慮したうえで偏角 θ を算出する必要があり，平面全体の計算式は次のように表される．

第 1 象限　$(a>0, b>0) : \theta_1 = \tan^{-1}\left(\dfrac{b}{a}\right)$ \hfill (2.24)

第 2 象限　$(a<0, b>0) : \theta_2 = \pi + \tan^{-1}\left(\dfrac{b}{a}\right)$ \hfill (2.25)

第 3 象限　$(a<0, b<0) : \theta_3 = -\pi + \tan^{-1}\left(\dfrac{b}{a}\right)$ \hfill (2.26)

第 4 象限　$(a>0, b<0) : \theta_4 = \tan^{-1}\left(\dfrac{b}{a}\right)$ \hfill (2.27)

正の虚軸上　$(a=0, b>0) : \theta_5 = +\dfrac{\pi}{2} = \tan^{-1}(+\infty)$ \hfill (2.28)

第 2 章 フーリエ変換を体感する前に

図2-14 $\tan^{-1}(x)$ の変化の様子

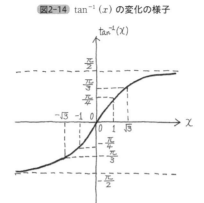

負の虚軸上　$(a=0, b<0)$：$\theta_6 = -\dfrac{\pi}{2} = \tan^{-1}(-\infty)$ (2.29)

正の実軸上　$(a>0, b=0)$：$\theta_7 = 0$ (2.30)

負の実軸上　$(a<0, b=0)$：$\theta_8 = \pm\pi$ (2.31)

そこで，2 つの変数 a, b で 1 つの値を返すような関数 $\arctan(a, b)$ を考えるのが便利だ。$\arctan(a, b)$ は，$\tan^{-1}x$ を用いて式 (2.24) ～(2.31) で計算される（**図2-15** 参照）。$\arctan(a, b)$ の代表的な値を **表2-2** に示しておこう*。

---

*　数学に詳しい人向けの注……本書では，逆正接の主値（$-\pi/2<\theta<+\pi/2$）を $\tan^{-1}$，一般の逆正接で値を $-\pi<\theta<+\pi$ に選んだものを $\arctan$ と書き分けている。標準的な数学書ではこういう使い分けはせず，単に $\tan^{-1}$ を $\arctan$ と書くこともある。

　また，ふつう数学では 2 変数の $\arctan(a, b)$ は用いられず，$\tan^{-1}x$ という 1 変数記法一本槍である。筆者は 2 変数の $\arctan(a, b)$ のほうが直感的で便利だと思うのだが，数学の試験の答案には書かないほうが無難そうだ。

図2-15 偏角 arctan (a, b) の計算

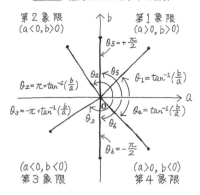

表2-2 arctan (a, b) の代表的な値

実数部 a	2	-1	-1	1	0	0	正	負	2	$-\sqrt{3}$
虚数部 b	2	$\sqrt{3}$	$-\sqrt{3}$	$-\sqrt{3}$	正	負	0	0	-2	-1
偏角 arctan (a, b) [rad]	$\dfrac{\pi}{4}$	$\dfrac{2\pi}{3}$	$-\dfrac{2\pi}{3}$	$-\dfrac{\pi}{3}$	$\dfrac{\pi}{2}$	$-\dfrac{\pi}{2}$	0	$\pm\pi$	$-\dfrac{\pi}{4}$	$-\dfrac{5\pi}{6}$

ナットク の例題 2-1

次の複素数 $w_1 \sim w_8$（直交座標表示）の絶対値と偏角を求めよ。
① $w_1 = 2 + j2$, ② $w_2 = -1 + j\sqrt{3}$, ③ $w_3 = -1 - j\sqrt{3}$, ④ $w_4 = 2 - j2$,
⑤ $w_5 = j5$, ⑥ $w_6 = -j5$, ⑦ $w_7 = 4$, ⑧ $w_8 = -4$

答えはこちら

式（2.21）～（2.31）を適用することにより，容易に極座標表示 $w_k = A_k e^{j\theta_k}$ の2つのパラメータ（絶対値 A_k, 偏角 θ_k）が求められる 図2-16 。

ここで，$\tan^{-1}(x)$ について，
$$\tan^{-1}(-x) = -\tan^{-1}(x) \tag{2.32}$$
という関係を利用している。なお，絶対値と偏角の計算に際して

第 2 章 フーリエ変換を体感する前に

図2-16 例題 2-1 の点の位置と極座標表示

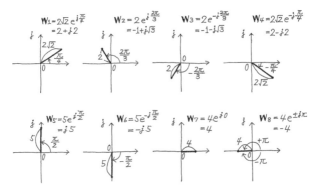

は，複素平面上の位置を 図2-16 のように描いてビジュアル化し，第 1 象限～第 4 象限のいずれの象限に存在しているのかをいつも考えるようにするとよい。

① $\begin{cases} A_1 = \sqrt{2^2+2^2} = \sqrt{8} = 2\sqrt{2} \\ \theta_1 = \arctan(2,2) = \tan^{-1}\left(\dfrac{2}{2}\right) = \tan^{-1}(1) = +\dfrac{\pi}{4} \end{cases}$

② $\begin{cases} A_2 = \sqrt{(-1)^2+(\sqrt{3})^2} = \sqrt{4} = 2 \\ \theta_2 = \arctan(-1,\sqrt{3}) = \tan^{-1}\left(\dfrac{\sqrt{3}}{-1}\right) = \pi + \tan^{-1}(-\sqrt{3}) \\ \quad = \pi - \tan^{-1}(\sqrt{3}) = \pi - \dfrac{\pi}{3} = +\dfrac{2\pi}{3} \end{cases}$

③ $\begin{cases} A_3 = \sqrt{(-1)^2+(-\sqrt{3})^2} = \sqrt{4} = 2 \\ \theta_3 = \arctan(-1,-\sqrt{3}) = \tan^{-1}\left(\dfrac{-\sqrt{3}}{-1}\right) \\ \quad = -\pi + \tan^{-1}(\sqrt{3}) \\ \quad = -\pi + \dfrac{\pi}{3} = -\dfrac{2\pi}{3} \end{cases}$

④ $\begin{cases} A_4 = \sqrt{2^2+(-2)^2} = \sqrt{8} = 2\sqrt{2} \\ \theta_4 = \arctan(2,-2) = \tan^{-1}\left(\dfrac{-2}{2}\right) = -\tan^{-1}(1) \\ \qquad = -\dfrac{\pi}{4} \end{cases}$

⑤ $A_5 = \sqrt{0^2+5^2} = \sqrt{25} = 5, \quad \theta_5 = \arctan(0,5) = +\dfrac{\pi}{2}$

⑥ $\begin{cases} A_6 = \sqrt{0^2+(-5)^2} = \sqrt{25} = 5 \\ \theta_6 = \arctan(0,-5) = -\dfrac{\pi}{2} \end{cases}$

⑦ $A_7 = \sqrt{4^2+0^2} = \sqrt{16} = 4, \quad \theta_7 = \arctan(4,0) = 0$

⑧ $\begin{cases} A_8 = \sqrt{(-4)^2+0^2} = \sqrt{16} = 4 \\ \theta_8 = \arctan(-4,0) = \pm\pi \end{cases}$

(2) 極座標から直交座標への変換

図2-17 より,

$$\begin{cases} a = A\cos\theta \\ b = A\sin\theta \end{cases} \tag{2.33}$$

なる関係を用いて, 極座標の絶対値 A と偏角 θ から直交座標の実数部 a と虚数部 b の値が求められ, 次のように変換さ

図2-17 極座標から直交座標への変換

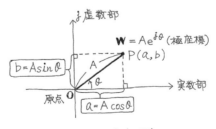

れる。
$$Ae^{j\theta} = a + jb \tag{2.34}$$

たとえば，極座標で $e^{j\frac{\pi}{2}}$，すなわち $A=1, \theta=\dfrac{\pi}{2}$ の場合には，式（2.33）より，

$$a = 1 \times \underbrace{\cos\left(\frac{\pi}{2}\right)}_{0} = 0, \quad b = 1 \times \underbrace{\sin\left(\frac{\pi}{2}\right)}_{1} = 1$$

となり，次の関係が導かれる。

$$e^{j\frac{\pi}{2}} = j \tag{2.35}$$

同様に，極座標で $e^{-j\frac{\pi}{2}}$，すなわち $A=1, \theta=-\dfrac{\pi}{2}$ の場合には，式（2.33）より，

$$a = 1 \times \underbrace{\cos\left(-\frac{\pi}{2}\right)}_{0} = 0, \quad b = 1 \times \underbrace{\sin\left(-\frac{\pi}{2}\right)}_{(-1)} = -1$$

となり，$j^2 = -1$ を考慮することにより，式（2.34）に代入して次の関係が得られる。

$$e^{-j\frac{\pi}{2}} = -j = \frac{1}{j} \tag{2.36}$$

なお，式（2.35）と式（2.36）のビジュアルな解釈は**フーリエ亭のお得だね情報❷**を参照されたい。

フーリエ亭の お得だね情報❷　　　　j は 90° の回転がお得意

T子「式（2.35）と式（2.36）の意味を知りたいんですけど。M之助さん，教えてくださらない？」

M之助「いいよ，説明してあげよう。**図2-18**を見てください。いま，点 A が示す 5 という複素数（1 本の線分）に，j を掛けてみて」

T子「5×j=j5 となって，B 点に移動することになるわ」

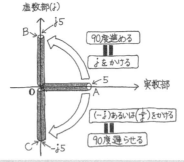

図2-18 j(虚数単位)と回転表示

M之助「大当たり。線分 $\overline{OA}$ が原点 O を中心に回転して,点 A が点 B に移動したとみなせるよね。つまり,『j を掛ける』ことは,線分を原点 O を中心に $90°\left(=\dfrac{\pi}{2}\,[\mathrm{rad}]\right)$ だけ反時計回り(左回り)に回転移動させることに相当する,と考えてもいいんだ。おわかりかな」

T子「なるほど,そうなんだ。回転するという図形移動を複素数で表すことができるのね。不思議な感じだわ。複素数という変てこな表現が,図形の変換という目に見える形になるなんて」

M之助「いい線いってるよ。それじゃあ,$\dfrac{1}{j}$ を掛ける(j で割る,あるいは $-j$ を掛ける)とどうなるかな?」

T子「点 A が示す 5 という複素数(1 本の線分)に,$-j$ を掛けると,$5\times(-j)=-j5$ となって,点 C に移動することになるわ。だから『$\dfrac{1}{j}(=-j)$ を掛ける』ことは,線分 $\overline{OA}$ を時計回り(右回り)に $90°\left(=\dfrac{\pi}{2}\,[\mathrm{rad}]\right)$ だけ回転することになるんだわ。私,もしかしたら数学的な才能があるのかしらね」

M之助「いいね,その調子。このとき,反時計回りに回転させることを**進める**,時計回りに回転させることを**遅らせる**というんだ。頭の片隅にでも入れといてほしいな。ふつうの時計とは逆だね」

T子「そうすると,極座標での偏角 $\theta\,[\mathrm{rad}]$ の値が回転の角度を表していて,それが θ が正(プラス)のときは『進み』,負(マイナ

第 2 章　フーリエ変換を体感する前に

> ス）のときは『遅れ』ということになるの？」
> **M之助**「またまた大正解。ついでに，極座標での絶対値は，回転する線分 $\overline{OA}$ の長さを何倍にするかを表しているんだ」
> **T子**「つまり，j と $-j$ の絶対値はどちらも 1 なので，1 倍にするという意味で，$\overline{OA}$ の長さは変わらないんですね。M之助さん，ありがとう」

◆極座標は掛け算・割り算がお得意

ところで，直交座標は複素数の足し算と引き算（加減算），極座標は掛け算と割り算（乗除算）に適するという特徴がある。したがって，加減算向きの直交座標と乗除算向きの極座標とを巧みに利用する形で，複素数の四則計算が実行されていくことになる。ここでは，極座標が複素数の乗除算向きであることを検証しておきたい。

(1) 複素数の掛け算

まずは，直交座標による計算プロセスを示そう。いま，2 つの複素数を $w_1 = a+jb, w_2 = c+jd$ とするとき，w_1 と w_2 の積（掛け算した結果）は分配法則を適用して次のように計算する。

$$\begin{aligned} w_1 \times w_2 &= (a+jb) \times (c+jd) \\ &= ac + jad + jbc + j^2 bd \\ &= (ac-bd) + j(ad+bc) \quad (\because\ j^2 = -1) \end{aligned} \quad (2.37)$$

たとえば，$w_1 = 1+j\sqrt{3}, w_2 = \sqrt{3}-j$ であれば，$a=1, b=\sqrt{3}, c=\sqrt{3}, d=-1$ として式（2.37）を適用して，

$$\begin{aligned} w_1 \times w_2 &= (1+j\sqrt{3}) \times (\sqrt{3}-j) \\ &= (\sqrt{3}+\sqrt{3}) + j(3-1) = 2\sqrt{3} + j2 \end{aligned} \quad (2.38)$$

となる。

一方，2つの複素数を $w_1 = A_1 e^{j\theta_1}$, $w_2 = A_2 e^{j\theta_2}$ と極座標で表せば，

$$w_1 \times w_2 = (A_1 e^{j\theta_1}) \times (A_2 e^{j\theta_2})$$
$$= A_1 A_2 e^{j(\theta_1 + \theta_2)} \quad (2.39)$$

と計算できる。つまり，極形式で積を計算すると，絶対値は2つの複素数の絶対値 A_1 と A_2 の積 $A_1 A_2$ に，また偏角はそれぞれの偏角 θ_1 と θ_2 の和 $(\theta_1 + \theta_2)$ に等しくなる。

この性質は，電子回路やシステムを直列に接続したときの振幅や位相などを解析する際に，非常に便利で簡単な計算手法を提供してくれる。

ここで，式 (2.21)～式 (2.23) より，

$$\begin{cases} w_1 = 1 + j\sqrt{3} = 2e^{j\pi/3} \\ w_2 = \sqrt{3} - j = 2e^{-j\pi/6} \end{cases} \quad (2.40)$$

と極座標で表せるので，$A_1 = 2, \theta_1 = \dfrac{\pi}{3}, A_2 = 2, \theta_2 = -\dfrac{\pi}{6}$ として式 (2.39) を適用すれば，

$$w_1 \times w_2 = (2e^{j\pi/3}) \times (2e^{-j\pi/6})$$
$$= (2 \times 2)e^{j(\pi/3 - \pi/6)} = 4e^{j\pi/6} \quad (2.41)$$

となる。よって，式 (2.33) と式 (2.34) に基づき，式 (2.41) の極座標表示を直交座標表示に変換すれば，

$$4e^{j\pi/6} = 4\left\{\cos\left(\frac{\pi}{6}\right) + j\sin\left(\frac{\pi}{6}\right)\right\} = 4 \times \left\{\frac{\sqrt{3}}{2} + j\frac{1}{2}\right\}$$
$$= 2\sqrt{3} + j2$$

という関係が得られ，直交座標で計算した結果（式 (2.38)）に一致する。

このように,式 (2.37) と式 (2.39) の計算プロセスを比較すると,極座標によるほうが簡単であることがよくわかる。

(2) 複素数の割り算

最初は,直交座標による計算プロセスを示す。複素数の商(割り算した結果)は,次のように分数表現の分母を実数化することで計算する。

$$w_1 \div w_2 = \frac{w_1}{w_2} = \frac{a+jb}{c+jd} = \frac{(a+jb)(c-jd)}{(c+jd)(c-jd)}$$

$$= \frac{ac+bd}{c^2+d^2} + j\frac{bc-ad}{c^2+d^2} \tag{2.42}$$

たとえば,$w_1=2+j2, w_2=1-j$ であれば,$a=2, b=2, c=1, d=-1$ として式 (2.42) を適用すれば,

$$\frac{2+j2}{1-j} = \frac{(2+j2)(1+j)}{(1-j)(1+j)} = \frac{2-2}{2} + j\frac{2+2}{2} = 0+j2$$

$$= j2 \tag{2.43}$$

となる。

一方,極座標による割り算は,掛け算の場合と同様にして,

$$w_1 \div w_2 = (A_1 e^{j\theta_1}) \div (A_2 e^{j\theta_2})$$

$$= \left(\frac{A_1}{A_2}\right) e^{j(\theta_1 - \theta_2)} \tag{2.44}$$

と計算する。つまり,極形式で商を計算すると,絶対値は2つの複素数の絶対値 A_1 と A_2 の商 A_1/A_2 に,また偏角はそれぞれの偏角 θ_1 と θ_2 の差 $(\theta_1 - \theta_2)$ に等しくなる。

掛け算のときと同じく,この性質もまた,回路やシステム中の各部分の電圧や電流の計算値が複素数の商の形になる場合が

多いので，重要な計算テクニックになる。

　ここで，式 (2.21)～式 (2.23) より，式 (2.43) に使った2つの複素数は，

$$\begin{cases} \bm{w}_1 = 2+j2 = 2\sqrt{2}e^{j\pi/4} \\ \bm{w}_2 = 1-j = \sqrt{2}e^{-j\pi/4} \end{cases} \quad (2.45)$$

と極座標で表せるので，$A_1=2\sqrt{2}, \theta_1=\dfrac{\pi}{4}, A_2=\sqrt{2}, \theta_2=-\dfrac{\pi}{4}$ として式 (2.44) を適用すれば，

$$\bm{w}_1 \div \bm{w}_2 = (2\sqrt{2}e^{j\pi/4}) \div (\sqrt{2}e^{-j\pi/4}) = \left(\frac{2\sqrt{2}}{\sqrt{2}}\right)e^{j\{\pi/4-(-\pi/4)\}}$$
$$= 2e^{j\pi/2} \quad (2.46)$$

となる。よって，式 (2.33) と式 (2.34) に基づき，式 (2.46) の極座標を直交座標に変換すれば，

$$2e^{j\pi/2} = 2\left\{\cos\left(\frac{\pi}{2}\right) + j\sin\left(\frac{\pi}{2}\right)\right\} = 2\times(0+j) = j2$$

という関係が得られ，直交座標で計算した結果（式 (2.43)）に一致する。

　このように，式 (2.42) と式 (2.44) の計算プロセスを比較すると，極座標を用いたほうが商を簡便に求められることがわかる。掛け算のときと同様である。

2.5 交流（cos 波）の源は回転運動にあり

◆基本は交流電気から

cos 波の基本は，交流電気（英語では alternating current，頭文字を並べて AC と略記）にある。といってもピンとこない人もあるのではないかと思うので，簡単に交流電気の説明をしておこう。

たとえば，私たちが家庭で使用している電気は目に見えないけれど，オシロスコープに映し出すことができる。また，耳から入ってくる「音（音波）」は空気の振動そのものであり，人や動物の耳は，鼓膜によって空気の圧力変化（音圧という）を感じ取っている。

さて家庭用の電気や，基本的な音波を表す cos 波形は， 図2-19(a) のように滑らかな曲線，すなわち信号値が周期的にプラス（＋，正）とマイナス（－，負）の間で変化するグラフとして描かれる。

このような変化を見せるのが，交流と呼ばれる信号波である。とりあえずは「cos 波の形」だけを覚えてもらうことで，これから先の内容を理解できる（はず）。

ちなみに cos 波の音というのは「ピー」とか「ポー」とかいう音でしかない。NHK の時報や理科室の音叉，鳥が発する鳴き声などの波形が，この cos 波に近いといわれている。

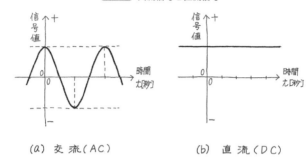

図2-19 交流信号と直流信号

(a) 交流(AC) (b) 直流(DC)

一方,乾電池で作られる電気は直流(英語では direct current,頭文字を並べて DC と略記)と呼ばれ, 図2-19(b) のように一定の値をもつ直線で表される。

◆交流電気を起こすには

ところで,家庭用の交流電気が火力,水力,原子力などのエネルギーから作られることは,みなさんもよくご存じのことだろう。これらのエネルギーを利用して発電用タービンを回転させ,電気を取り出しているわけである。そこで,回転運動から電気(交流)が作られる原理の紹介を通して,交流電気の源が回転運動であることを理解してもらおう。

交流電気を作り出す発電の基本原理は,ファラデーの電磁誘導の法則

$$v(t) = -\frac{\mathrm{d}\Phi(t)}{\mathrm{d}t} \tag{2.47}$$

にある。微分が含まれていて厄介そうな式だが,要は,時間 t に関してコイルを貫く磁束 $\Phi(t)$ が変化すれば(右辺の微

第 2 章 フーリエ変換を体感する前に

図2-20 正弦波交流の発生

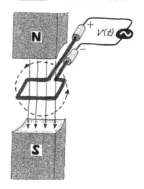

分),その変化を妨げる向きに(右辺のマイナス符号),コイルに誘導起電力 $v(t)$ が発生するという意味だ。

発電機が利用しているのはこの法則だ。つまり,コイルを貫く磁界に垂直な方向を軸としてコイルを回転させることにより,コイルを貫く磁束を時間的に変化させ,発電するのである 図2-20 。図2-21 は,コイルの回転角(コイルの面と磁界の方向との間の角度)θ とコイルを貫く磁束の関係を表したものだ。

 磁束とは磁力線の束のこと。束の本数を表す単位が Wb で,ウェーバーと読む。磁束を面積で割ったものを磁束密度という。

いま,図2-21 のように磁界の方向を起点とするコイルの回転角を θ [rad],コイルの断面積を S [m^2],磁束密度を B [Wb/m^2] で表すことにする。コイルを貫く磁束 $\varPhi$ [Wb] は線分RQ(実際には奥行きがあるので,面である)を貫く磁束

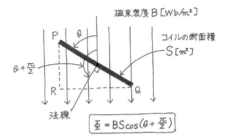

図2-21 コイルを貫く磁束

に等しいので,

$$\Phi = BS \cos\left(\theta + \frac{\pi}{2}\right) = -BS \sin\theta \qquad (2.48)$$

となる。

BS はコイルの面が磁界方向と垂直のときにコイル面を貫く磁束で, これを Φ_0 [Wb] で表せば, Φ_0 はコイルを貫く磁束の最大値で,

$$\Phi_0 = BS \qquad (2.49)$$

である。コイルが1秒間あたり f 回 ($f>0$), 反時計回りに回転するとして, 時刻 t [秒] における回転角 θ は, 1回転の角度が 2π [rad] であるから,

$$\theta = 2\pi ft \text{ [rad]}$$

となる。したがって式 (2.48) のコイルを貫く磁束 $\Phi(t)$ は,

$$\Phi(t) = \Phi_0 \cos\left(2\pi ft + \frac{\pi}{2}\right) = -\Phi_0 \sin(2\pi ft) \qquad (2.50)$$

と表すことができる。

コイルに発生する起電力 $v(t)$ はファラデーの電磁誘導の法則を表す式 (2.47) に代入して,

図2-22 正弦波交流電圧の時間的変化

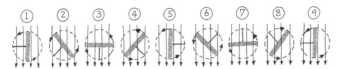

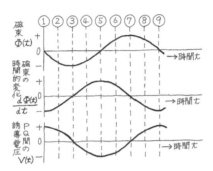

$$v(t) = -\frac{\mathrm{d}\Phi(t)}{\mathrm{d}t} = 2\pi f \Phi_0 \cos(2\pi f t) \tag{2.51}$$

となる。$\Phi(t), \dfrac{\mathrm{d}\Phi(t)}{\mathrm{d}t}, v(t)$ の関係をグラフにしたものが図2-22であり，発生する電気の大きさや向きは時間とともに変化することが一目でわかる。すなわち，一様な磁界の中で一定の速度で回転するコイルに生じる電気は，cos波で表され，大きさと向きが時間とともに変わる交流の電気が得られることになる。

コイルが1回転するごとに交流の電気は同じ状態を繰り返すことになり，この1回転に要する時間を**周期**という。また，コイルの1秒間の回転数を**周波数**といい，その単位はヘルツ［Hz］である。コイルが1回転する角度が 2π［rad］であるから，周波数を回転角度に換算した**角周波数**は，

(角周波数 [rad/秒]) = $2\pi \times$ (周波数 [Hz])　　　(2.52)

と表される。角周波数のことを**角速度**ともいう。

 周期には文字 T, 周波数には文字 f, 角周波数にはギリシャ文字の ω (オメガ) がもっぱら用いられる。詳しくは, 計算のツボ2-2を参照。

たとえば, 1秒間に10回の割合, すなわち $\dfrac{1}{10}=0.1$ [秒] おきに同じ状態が繰り返されるとき, この交流の周期は0.1 [秒], 周波数は 10 ヘルツ [Hz], 角周波数は $20\pi = 2\pi \times 10$ [rad/秒] である。

2.6 交流（cos波）を描いてみよう

◆数式から波を描き出そう

いよいよ, 信号 $x(t)$ として,

(1)　$x(t) = 4\cos(10\pi t)$　　　(2.53)

(2)　$x(t) = 3\cos\left(4\pi t + \dfrac{\pi}{2}\right)$　　　(2.54)

で表される cos 波を 図2-23 のグラフ用紙上に描いてみてもらいたい（グラフ用紙はコピーして, 横軸の時間スケールは適当に決めてください）。

以下は, 少々困ったという人への説明である（グラフがさ

第2章　フーリエ変換を体感する前に

図2-23 グラフ用紙

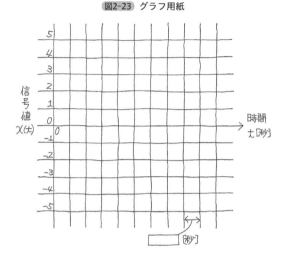

っと描けた人は，飛ばしてもらってOKです）。

(1) $x(t) = 4\cos(10\pi t)$ のグラフ

波形を描くための手順を紹介しよう。式（2.53）を読み解くことが，グラフを描くうえでのキーポイントといえる。つまり，式（2.53）に含まれる「4」と「10π」という数値を見て，信号波形の何がわかるのかということだ。すなわち，

- 「4」はcos波の振幅。つまり，信号値のとりうる最大値は4，最小値は-4（最大値は「山」，最小値は「谷」とも呼ばれる）
- 「10π」は角周波数なので，$10\pi = 2\pi \times 5$より1秒間に山と谷を5回ずつ繰り返す。つまり，周波数は5［Hz］

となる。

次に、この cos 波の信号値が 0、最大値 4、最小値 -4 になる時刻を考える。

① 信号値が 0 になるのは、回転角が、

$$10\pi t = \frac{\pi}{2}, \frac{3\pi}{2}, \frac{5\pi}{2}, \frac{7\pi}{2}, \frac{9\pi}{2}, \cdots \text{[rad]}$$

のときで、両辺を角周波数 10π で割れば時刻が得られる。

$$t = \frac{1}{20}, \frac{3}{20}, \frac{5}{20}, \frac{7}{20}, \frac{9}{20}, \cdots \text{[秒]} \tag{2.55}$$

② 信号が最大値 4 になる時間は、$10\pi t = 0, 2\pi, 4\pi, 6\pi, 8\pi,$ $\cdots$ [rad] のときで、次のようになる。

$$t = 0, \frac{1}{5}, \frac{2}{5}, \frac{3}{5}, \frac{4}{5}, \cdots \text{[秒]} \tag{2.56}$$

③ 信号が最小値 (-4) になる時間は、$10\pi t = \pi, 3\pi, 5\pi, 7\pi,$ $9\pi, \cdots$ [rad] のときで、次のようになる。

$$t = \frac{1}{10}, \frac{3}{10}, \frac{5}{10}, \frac{7}{10}, \frac{9}{10}, \cdots \text{[秒]} \tag{2.57}$$

よって、グラフ用紙上に式 (2.55)〜式 (2.57) で与えられる時刻と信号値を示す点に□印をつけ、時刻の順にすべての□印を通るように滑らかな曲線を引くことで cos 波のグラフが描ける 図2-24 。

このように、cos 波は「下がって上がって」を繰り返してできている。そして、「下がって上がってもとの信号値」に戻るまでを 1 周期あるいは単に周期という。 図2-24 では、1 秒間に「下がって上がってもとの信号値」が 5 回繰り返されることになり、この cos 波の周期は 0.2 [秒] となる。

また、1 秒間に繰り返される波の数 (周期の総個数) を周波数と呼ぶことは、いうまでもない (単位は [Hz])。 図2-24 の

第 2 章 フーリエ変換を体感する前に

図2-24 $x(t) = 4\cos(10\pi t)$ の波形グラフ

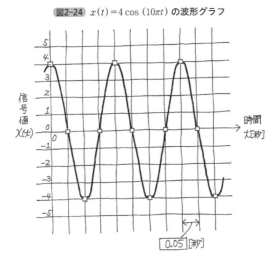

cos 波は，1 秒間に 5 周期しているので 5 [Hz] ということになるのである。

(2) $x(t) = 3\cos\left(4\pi t + \dfrac{\pi}{2}\right)$ のグラフ

式 (2.54) に含まれる数値の「3」，「4π」，「$+\dfrac{\pi}{2}$」を読み解くことにより，信号波形のグラフの特徴がわかる。これらの読み解きを，以下に箇条書きにしてまとめておく。

- 「3」は振幅。つまり，信号値のとる最大値は 3，最小値は -3。
- 「4π」は角周波数で，$4\pi = 2\pi \times 2$ より 1 秒間に 2 回転する。周波数は 2 [Hz]。
- 「$+\dfrac{\pi}{2}$」のプラス（＋）記号は，「$3\cos(4\pi t)$ の cos 波の

グラフを $\frac{\pi}{2}$ [rad] だけ左へ平行移動する」ことを意味する。また,

$$3\cos\left(4\pi t + \frac{\pi}{2}\right) = 3\cos\left\{4\pi\left(t + \frac{1}{8}\right)\right\}$$

と変形すれば,「$+\frac{1}{8}$」のプラス (+) 符号より,「$\frac{1}{8}$ [秒] だけ左に平行移動する」ことに等価となる。

以上より,式 (2.54) の cos 波のグラフは **図2-25** のように表される(**計算のツボ 2-2** を参照)。

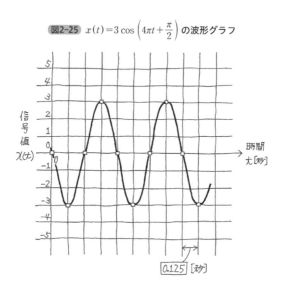

図2-25 $x(t) = 3\cos\left(4\pi t + \frac{\pi}{2}\right)$ の波形グラフ

計算のツボ 2-2 　cos 波のパラメータを読み，グラフを描く

いま，角周波数 ω [rad/秒] で反時計方向（$\omega>0$）に回転するとき，時刻 t [秒] における回転角は，

$$\theta = \omega t + \phi \text{ [rad]} \tag{2.58}$$

であり，さらに cos の値を計算して，

$$x(t) = A\cos(\omega t + \phi) \tag{2.59}$$

と表される cos 波を考える 図2-26 。

最初に，式 (2.59) の 3 つのパラメータ A, ϕ, ω の物理的意味を説明しておこう。$A(>0)$ は振幅と呼ばれ，時間波形 $x(t)$ は $(-A)$ から A の範囲で変動し，最大値（山の高さ）は A，最小値（谷の深さ）は $(-A)$ である。ϕ は位相と呼ばれ，単位はラジアン [rad] で，とくに $t=0$ [秒] における角度を初期位相という。ω は角周波数で，1 [秒] 間あたりの回転数を f 回とするときの回転角に相当し，単位は [rad/秒] で，角速度とも呼ばれる。1 回転の角度は 2π [rad] なので，f 回転の回転角度は，

$$\omega = 2\pi f \text{ [rad/秒]} \tag{2.60}$$

であり，

$$f = \frac{\omega}{2\pi} \text{ [回転/秒]} \tag{2.61}$$

図2-26 $x(t) = A\cos(\omega t + \phi)$ の波形グラフ

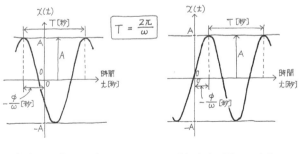

(a) $\phi > 0$（進み位相）　　(b) $\phi < 0$（遅れ位相）

と表される関係が得られる。また，1回転に要する時間は周期 T [秒] といい，

$$T = \frac{1}{f} \tag{2.62}$$

であり，

$$f = \frac{1}{T} \text{ [Hz]} \tag{2.63}$$

となる関係も成立する。ここで，1秒間あたりの回転数はヘルツ [Hz] という単位で表されることが多い（他に，式 (2.61) のような [回転/秒] などの表示法がある）。なお，式 (2.60)～式 (2.63) より，

$$T = \frac{2\pi}{\omega} \text{ [秒]} \tag{2.64}$$

$$f = \frac{\omega}{2\pi} \text{ [Hz]} \tag{2.65}$$

という関係も導かれる。

cos 波のグラフを描く手順を次にまとめておく。

手順1 式 (2.59) を次式のように変形する。

$$x(t) = A \cos\left\{\omega\left(t + \frac{\phi}{\omega}\right)\right\} \tag{2.66}$$

手順2 式 (2.66) を読み解く。

$$\begin{cases} A：振幅 \\ \omega：角周波数（単位は [\text{rad}/秒]）\\ \phi：位相（単位は [\text{rad}]）\\ \dfrac{\phi}{\omega}：ずれの時間（単位は [秒]）\end{cases}$$

手順3 初期位相がゼロ（$\phi=0$）のときの cos 波を描く。

手順4 ずれ時間 $t_0 = \dfrac{\phi}{\omega}$ [秒] を求める。

手順5 ずれ時間 $t_0 > 0$（正）のときは，**手順3** で描いた基準となる cos 波形を左へ t_0 [秒] だけ平行移動する。一方，ずれ時間 $t_0 < 0$（負）のときは，**手順3** で描いた基準となる cos 波形を右へ $|t_0|$ [秒] だけ平行移動する。

それでは，具体的な数値例として次の例題を解いてみてもらいたい。

＼ナットク／の例題 2-2

次の cos 波のグラフを示していただきたい。
① $x(t) = 5\cos\left(10\pi t - \dfrac{\pi}{5}\right)$　② $x(t) = 3\cos\left(50\pi t + \dfrac{\pi}{4}\right)$

答えはこちら

計算のツボ 2-2 に示した **手順1** ～ **手順5** に基づき，各パラメータを算出したあと，①，②の各波形グラフを描けばよい 図2-27 。

図2-27 例題 2-2 の波形グラフ

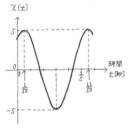
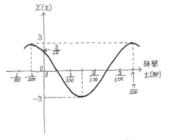

① $x(t) = 5\cos\left(10\pi t - \dfrac{\pi}{5}\right)$　　② $x(t) = 3\cos\left(50\pi t + \dfrac{\pi}{4}\right)$

① $A = 5, \omega = 10\pi\ (f=5), \phi = -\dfrac{\pi}{5}, t_0 = -\dfrac{1}{50}$

ずれ時間 t_0 が負（マイナス）なので，基準となる波形 $x(t) = 5\cos(10\pi t)$ を右へ $|t_0| = \dfrac{1}{50}$［秒］だけ平行移動する。

② $A = 3, \omega = 50\pi\ (f=25), \phi = \dfrac{\pi}{4}, t_0 = \dfrac{1}{200}$

ずれ時間 t_0 が正（プラス）なので，基準となる波形 $x(t) = 3\cos(50\pi t)$ を左へ $t_0 = \dfrac{1}{200}$［秒］だけ平行移動する。

2.7
交流を複素数で表そう

◆ e と複素数の密接な関係

ここでは，cos とか sin などの三角関数で表される交流信号波形を簡略に計算するテクニックとして，複素数表現を利用した手法を紹介する。

まず，図2-28 を見てもらいたい。点Pが時刻 0［秒］に点Aから移動し始めて，一定の角速度 ω［rad/秒］で半径 r の円周上を回転運動する様子を示したものである。ここで，t［秒］後の点Pの位置から X 軸（横軸）に下ろした垂線の足

図2-28 回転運動と cos 関数

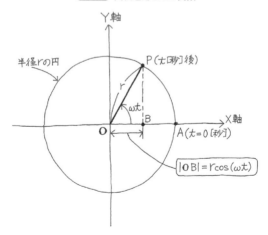

(垂線と X 軸の交点)を B とするとき，原点 O との距離 $|OB|$（点 P の射影という）は，

$$|OB| = r\cos(\omega t) \tag{2.67}$$

と表される。

ところで，**図2-28** の X 軸と Y 軸をそれぞれ実数軸と虚数軸とみなせば，XY 平面は複素平面に相当し，半径 r の円周上を動く点 P の位置は，

$$r\cos(\omega t) + jr\sin(\omega t) = r\{\cos(\omega t) + j\sin(\omega t)\} \tag{2.68}$$

と複素数表示される。ここで，自然対数 $\ln x = \log_e x$ の底を表す「e」という文字を用いると，

$$r\cos(\omega t) + jr\sin(\omega t) = re^{j\omega t} \tag{2.69}$$

が成り立つことが知られている（**計算のツボ 2-3** を参照）。

オイラーの公式

自然対数の底 e は，

$$e = \lim_{n \to \infty}\left(1 + \frac{1}{n}\right)^n = 2.71828\cdots \quad (\text{「ふな一鉢二鉢」と覚えよう})$$

の極限値として与えられ，**ネピアの数**とも呼ばれる。この e を用いると，

$$e^{j\theta} = \cos\theta + j\sin\theta \tag{2.70}$$

という関係が成立し，これは**オイラーの公式**と呼ばれている。この大したこともなさそうに思える公式が，何を隠そうフーリエ変換をはじめとする信号解析においては欠くに欠かせない役割を果たすことになる。しっかりと覚えてもらいたい。

ところで，式（2.70）の θ に $(-\theta)$ を代入すれば，

$$e^{-j\theta} = \cos(-\theta) + j\sin(-\theta)$$

となり，$\cos(-\theta) = \cos\theta$ と $\sin(-\theta) = -\sin\theta$ の関係を考えると，
$$e^{-j\theta} = \cos\theta - j\sin\theta \tag{2.71}$$
で表される関係が成立する。そこで，式（2.70）と式（2.71）を $\cos\theta$ と $\sin\theta$ に関する連立方程式と考えれば，三角関数が次のように表されることがわかる。

$$\begin{cases} \cos\theta = \dfrac{e^{j\theta}+e^{-j\theta}}{2} & (2.72) \\ \sin\theta = \dfrac{e^{j\theta}-e^{-j\theta}}{2j} = -j\dfrac{e^{j\theta}-e^{-j\theta}}{2} & (2.73) \end{cases}$$

この2つの関係式は，フーリエ変換で登場する「負の周波数」の概念を与えるものであり，重要なので必ず記憶に留めておいてほしい。

◆回転運動から cos 波を導こう

いま，複素数の実数部および虚数部をとることをそれぞれ，$\mathfrak{Re}, \mathfrak{Im}$ と表せば，式（2.70）の複素数 $e^{j\theta}$ では，
$$\mathfrak{Re}(e^{j\theta}) = \cos\theta \tag{2.74}$$
$$\mathfrak{Im}(e^{j\theta}) = \sin\theta \tag{2.75}$$
となる。

それでは早速，半径 r の回転運動を意味する式（2.69），(2.74)，(2.75) から，cos 波と sin 波を複素数で表してみよう。結果は簡単で，
$$\mathfrak{Re}(re^{j\omega t}) = r\cos(\omega t) \tag{2.76}$$
$$\mathfrak{Im}(re^{j\omega t}) = r\sin(\omega t) \tag{2.77}$$
となる。同様に，cos 波が $A\cos(\omega t + \phi)$ であれば，これは
$$\mathfrak{Re}(Ae^{j(\omega t + \phi)})$$
と表され，さらに指数部分を整理すると，
$$A\cos(\omega t + \phi) = \mathfrak{Re}(Ae^{j\omega t}e^{j\phi}) \tag{2.78}$$

と変形される。ここで，$\mathfrak{Re}$ と $e^{j\omega t}$ を省略した形として，

$$A \cos (\omega t+\phi) \Leftrightarrow Ae^{j\phi} \tag{2.79}$$

と対応させた簡便な表現方法がある。これを交流の複素表示という。この表現は簡略計算の大きなポイントである。すなわち，

「$Ae^{j\phi}$ という複素表示」を，

「振幅が A，初期位相が ϕ [rad]，角周波数が ω [rad/秒] である cos 波で $A \cos (\omega t+\phi)$」

と翻訳して理解するわけである。

 当然だが，$Ae^{j\phi}$ という複素数そのものが波を表しているわけではないことに注意したい（そもそも t を含まないから，時間による変動を表していない）。$Ae^{j\phi}$ というのは，振幅と初期位相という，波を特徴づけるのに重要なパラメータを抜き出して表示したものだ。だから交流の複素表示というのである。交流の複素表示は，電子回路の交流理論でよく用いられる。

同じように考えると，$A \sin (\omega t+\phi)$ という sin 波の複素表示は，

$$A \sin (\omega t+\phi) \Leftrightarrow -jAe^{j\phi} \tag{2.80}$$

となる。これは，式 (2.79) の $A \cos (\omega t+\phi)$ の複素表示 $Ae^{j\phi}$ に $(-j)$ を掛けた値に等しい（**計算のツボ 2-4** 参照）。

sin 波の複素表示

sin 波 $A \sin (\omega t+\phi)$ の複素表示は，$\sin \theta = \cos \left(\theta - \dfrac{\pi}{2}\right)$ という関係式において $\theta = \omega t+\phi$ を代入することにより，

$$A \sin(\omega t + \phi) = A \cos\left(\omega t + \phi - \frac{\pi}{2}\right) \tag{2.81}$$

と書ける。さらに，式（2.79）の関係を適用して，

$$A \cos\left(\omega t + \phi - \frac{\pi}{2}\right) \Leftrightarrow A e^{j\left(\phi - \frac{\pi}{2}\right)}$$
$$\Leftrightarrow A e^{j\phi} \times e^{-j\frac{\pi}{2}}$$

となり，$e^{-j\frac{\pi}{2}} = -j$（式（2.36））を代入すれば，

$$A \cos\left(\omega t + \phi - \frac{\pi}{2}\right) \Leftrightarrow -jAe^{j\phi} \tag{2.82}$$

と導き出されることから，

$$A \sin(\omega t + \phi) \Leftrightarrow -jAe^{j\phi} \qquad \text{式（2.80）の再掲}$$

となる。

それでは，例題を解くことにより，cos 波と sin 波の複素表示を実際に体感してもらうことにしよう。

＼ナットク／の例題 2-3

次のそれぞれの波を，複素表示してみよう。

① $\cos(2t)$ 　② $5\sin(3t)$

③ $-2\sin\left(5t + \frac{\pi}{6}\right)$ 　④ $4\cos\left(3t - \frac{\pi}{4}\right)$

答えはこちら

cos 波には式（2.79），sin 波には式（2.80）を適用する。

① $A=1, \phi=0$ とおく。$\cos(2t) \Leftrightarrow 1$

② $A=5, \phi=0$ とおく。$5\sin(3t) \Leftrightarrow -j5$

③ $A=-2, \phi=\frac{\pi}{6}$ とおく。

$$-2\sin\left(5t + \frac{\pi}{6}\right) \Leftrightarrow (-j) \times (-2)e^{j\frac{\pi}{6}} = j2e^{j\frac{\pi}{6}}$$
$$= (e^{j\frac{\pi}{2}}) \times (2e^{j\frac{\pi}{6}}) = 2e^{j\left(\frac{\pi}{2} + \frac{\pi}{6}\right)} = 2e^{j\frac{2\pi}{3}}$$

④ $A=4, \phi=-\frac{\pi}{4}$ とおく。$4\cos\left(3t - \frac{\pi}{4}\right) \Leftrightarrow 4e^{-j\frac{\pi}{4}}$

第 2 章 フーリエ変換を体感する前に

＼ナットク／の例題 2-4

次の複素表示が表す信号波形 $x(t)$ を求めてみよう。ただし，角周波数は ω [rad/秒] とする。

① -5 ② $j3$ ③ $-3-j3$ ④ $1+j\sqrt{3}$

答えはこちら

まず，与えられた複素数を $Ae^{j\phi}$ あるいは $(-jAe^{j\phi})$ の形で表現する。このとき，絶対値 A が最大振幅，偏角 ϕ が初期位相に相当することから，式 (2.79) あるいは式 (2.80) に基づき，信号波形はそれぞれ，

$A\cos(\omega t+\phi)$，あるいは $A\sin(\omega t+\phi)$

と表すことができる。

① $-5=-5e^{j0}$ なので，$A=-5, \phi=0$ となり，

$x(t) = -5\cos(\omega t)$

と cos 波で表される。

② $j3=-j\times(-3)e^{j0}$ なので，$A=-3, \phi=0$ となり，

$x(t) = -3\sin(\omega t)$

と sin 波で表される。また，$j3=3e^{j\frac{\pi}{2}}$ と極座標表示すれば $A=3$，$\phi=\frac{\pi}{2}$ であり，

$x(t) = 3\cos\left(\omega t+\frac{\pi}{2}\right)$

と cos 波で表される。

③ $-3-j3 = 3\sqrt{2}e^{-j\frac{3\pi}{4}}$ なので，$A=3\sqrt{2}, \phi=-\frac{3\pi}{4}$ となり，

$x(t) = 3\sqrt{2}\cos\left(\omega t-\frac{3\pi}{4}\right)$

と cos 波で表される。

④ $1+j\sqrt{3}=2e^{j\frac{\pi}{3}}$ なので，$A=2, \phi=\frac{\pi}{3}$ となり，

$x(t) = 2\cos\left(\omega t+\frac{\pi}{3}\right)$

と cos 波で表される。

◆複素表示による三角関数のらくらく計算

それでは,複素表示の威力を実感してもらうために,三角関数のいろいろな計算を体験してみよう。まずは,三角関数の合成,すなわち,

$$3\cos(\omega t)+4\sin(\omega t) = C\cos(\omega t+D) \tag{2.83}$$

と表したときのCとDを求めてみよう(実は,合成公式を覚えておかなくても大丈夫なんですから)。

まず,$3\cos(\omega t)$と$4\sin(\omega t)$の複素表示は$\phi=0(e^{j0}=e^0=1)$として,それぞれ式(2.79),式(2.80)から,

$3\cos(\omega t) \Leftrightarrow 3$

$4\sin(\omega t) \Leftrightarrow -j4$

である。よって,この2つの三角関数の合成は,

$3\cos(\omega t)+4\sin(\omega t) \Leftrightarrow 3-j4$

と複素表示される。この直交形式による表示を式(2.21)~式(2.23)に基づき,極形式へと変換すれば,

$$3-j4 = \sqrt{3^2+(-4)^2}e^{j\arctan(3,-4)} = 5e^{-j\tan^{-1}\left(\frac{4}{3}\right)}$$

となる。さらに,式(2.79)の関係から,

$$5e^{-j\tan^{-1}\left(\frac{4}{3}\right)} \Leftrightarrow 5\cos\left\{\omega t-\tan^{-1}\left(\frac{4}{3}\right)\right\}$$

と表される合成波形の信号表現が得られるのである。

このように,三角関数の合成の覚えにくい公式を知らなくても,複素表示することにより簡単に計算できることに,「へー,こんな使い方ができるんだ」と感心された人があるかもしれない。正弦波交流の信号表現と複素数による簡易表示との対応関係,すなわち式(2.78)と式(2.79)に置き換えることで,いとも簡単に三角関数の合成結果が得られるのである。

第2章 フーリエ変換を体感する前に

以上より，$A\cos(\omega t)+B\sin(\omega t)$ という合成の結果を $r\cos(\omega t+\phi)$ と表すときの計算プロセスを，簡単にまとめておこう。

手順1 $A\cos(\omega t)+B\sin(\omega t)$ の複素数による簡易表現に変換
$$A-jB \tag{2.84}$$

手順2 極形式に変換（$re^{j\phi}$）
$$r=\sqrt{A^2+(-B)^2}, \phi=\arctan(A,-B) \tag{2.85}$$

手順3 複素表示に対応する，cos波の信号表現に変換
$$re^{j\phi} \Leftrightarrow r\cos(\omega t+\phi) \tag{2.86}$$

また，$\cos\theta=\sin\left(\theta+\dfrac{\pi}{2}\right)$ という関係を利用すると，$\theta=\omega t+\phi$ とおいて，

$$re^{j\phi} \Leftrightarrow r\cos(\omega t+\phi) = r\sin\left(\omega t+\phi+\dfrac{\pi}{2}\right) \tag{2.87}$$

のような別表現が導かれる。

＼ナットク／の例題 2-5

次の三角関数の合成結果を $r\cos(\omega t+\phi)$ の形式で表すとき，ω, r, ϕ を求めよ。

① $-3\cos(4t)+3\sin(4t)$ ② $-\sin t+\sqrt{3}\cos t$

答えはこちら

手順1 ～ **手順3** を適用すればよい。

① $\underbrace{-3\cos(4t)}_{-3}+\underbrace{3\sin(4t)}_{-j3} \Leftrightarrow -3-j3$

129

$$\begin{cases} \omega = 4 \\ r = \sqrt{(-3)^2+(-3)^2} = 3\sqrt{2} \\ \phi = \arctan(-3, -3) = -\pi + \tan^{-1}\left(\dfrac{-3}{-3}\right) \\ \quad = -\pi + \tan^{-1}(1) = -\pi + \dfrac{\pi}{4} = -\dfrac{3\pi}{4} \end{cases}$$

よって,

$$-3\cos(4t) + 3\sin(4t) = 3\sqrt{2}\cos\left(4t - \dfrac{3\pi}{4}\right)$$

と表される。

② $\underbrace{-\sin t}_{j} + \underbrace{\sqrt{3}\cos t}_{\sqrt{3}} \Leftrightarrow \sqrt{3} + j$

$$\begin{cases} \omega = 1 \\ r = \sqrt{(\sqrt{3})^2 + 1^2} = 2 \\ \phi = \arctan(\sqrt{3}, 1) = \tan^{-1}\left(\dfrac{1}{\sqrt{3}}\right) = \dfrac{\pi}{6} \end{cases}$$

よって,

$$-\sin t + \sqrt{3}\cos t = 2\cos\left(t + \dfrac{\pi}{6}\right)$$

と表される。

2.8
cos 波を正と負の周波数で表してみよう

◆負の周波数とは何ぞや？

一般に,振幅 A で周波数 f [Hz](あるいは角周波数 ω [rad/秒], $\omega = 2\pi f$)の cos 波は,

$$A\cos(2\pi ft),\ \text{あるいは}\ A\cos(\omega t) \tag{2.88}$$

と表される。

ここで、オイラーの公式により式 (2.72) に $\theta = 2\pi ft$ を代入すれば、

$$\cos(2\pi ft) = \frac{e^{j2\pi ft} + e^{-j2\pi ft}}{2} \tag{2.89}$$

という関係が得られる。式 (2.89) を式 (2.88) に代入すると、

$$A\cos(2\pi ft) = A\frac{e^{j2\pi ft} + e^{-j2\pi ft}}{2} = \frac{A}{2}e^{j2\pi ft} + \frac{A}{2}e^{-j2\pi ft} \tag{2.90}$$

と表すことができる。このとき、式 (2.90) の $\frac{A}{2}e^{j2\pi ft}$ は複素平面上の半径 $\frac{A}{2}$ の円周上を角速度 $\omega(=2\pi f)$ [rad/秒] で反時計回りに回転しているので、振幅 $\frac{A}{2}$ の f [Hz] の**正の周波数**の成分と考えられる。

これに対して、式 (2.90) の $\frac{A}{2}e^{-j2\pi ft}$ は複素平面上の半径 $\frac{A}{2}$ の円周上を角速度 $\omega(=2\pi f)$ [rad/秒] で時計回りに回転していることになる。よって、

$$\frac{A}{2}e^{-j2\pi ft} = \frac{A}{2}e^{j2\pi(-f)t} \tag{2.91}$$

とみなすことで、振幅 $\frac{A}{2}$ の $(-f)$ [Hz] の周波数成分と考えられる。周波数が負の数 $(-f)$ になっており、これは**負の周波数**をもった成分にほかならないわけである。

 つまり、負の周波数といっても、「1秒間に波がマイナス f 回振動する」などと考えてはいけないのである。あくまで反時計回りの正の回転と、時計回りの負の回転だからだ。

図2-29 cos 波の正と負の周波数成分のベクトル和による表現

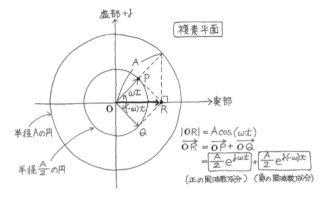

したがって，**図2-29** に示すように，

$$\frac{A}{2}e^{j2\pi ft}(正の周波数成分), \frac{A}{2}e^{-j2\pi ft}(負の周波数成分)$$

で表される2つの回転する信号ベクトル，すなわち $\overrightarrow{OP}$ と $\overrightarrow{OQ}$ の和がベクトル $\overrightarrow{OR}$ に等しい。その結果，式 (2.90) の関係より $\overrightarrow{OR}$ は $A\cos(2\pi ft)$ を表すことが理解でき，フーリエ変換で登場する負の周波数の基本的な概念を与えることになる **図2-29**。一般的に，cos 波を正の周波数と負の周波数とに分解して考えると，正負の周波数に対する振幅は cos 波の振幅 A の $\frac{1}{2}$ となる。このことは，**1.4節**の「仮説3」の「山と谷の数が正 (X_ℓ) と負 ($X_{-\ell}$) の二手に分かれる」という記述と同義である。

第 3 章

フーリエ変換を四則演算で計算してみよう！

+と×からフーリエ変換へ

第1章ではフーリエ変換の簡単な計算法を示したが、信号の時間軸による表示と、周波数軸による表示の物理的意味にまでは深入りしなかった。しかし、信号の時間軸と周波数軸の意味をしっかりと把握しておかないと、フーリエ変換が何をどう表そうとしているのか、まったくわからなくなる。

　つまり、読者はここで、時間軸と周波数軸の関係を知り、フーリエ変換値としての信号波形パラメータについて理解を深めておく必要がある。この章では、フーリエ変換の積分値を四則演算のみで算出するための計算アルゴリズムを紹介し、それによって変換の物理的意味を解き明かすことにする。

3.1 フーリエ変換の四則計算アルゴリズム

◆まずは積分範囲を絞ろう

　いま、図3-1 に示すように、$0 \sim T_0$[秒]の時間範囲の波形を周期的に繰り返す時間波形をフーリエ変換して、その周波数スペクトルの特徴を調べてみることにしたい。

　まず、時間波形 $x(t)$ のフーリエ変換 $X(f)$ とは、**第1章**冒頭の式 (1.1)、つまり、

$$X(f) = \int_{-\infty}^{\infty} x(t) e^{-j2\pi ft} dt \qquad (3.1)$$

のことである。波形 $x(t)$ は時間の関数だが、その変換 $X(f)$ は周波数 f の関数となることに注意しよう。

図3-1 周期波形

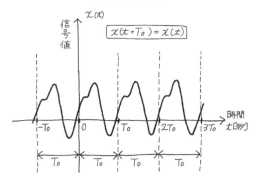

　一般に，上に挙げた周期波形のような，無限時間に続く信号のフーリエ変換の結果（すなわち積分値）は無限大になり，まともに計算することはできない。そこで，被積分関数に含まれる $e^{-j2\pi ft}$ をオイラーの公式に当てはめて，

$$e^{-j2\pi ft} = \cos(2\pi ft) - j\sin(2\pi ft) \tag{3.2}$$

と表される関係を考慮してみよう。すると，cos 波と sin 波はともに同じ波形の繰り返しなので，1回の繰り返し時間，すなわち，

$$t = -\frac{T_0}{2} \sim \frac{T_0}{2} \tag{3.3}$$

の時間幅 T_0 [秒] の範囲で積分すれば，有限の積分表現が得られる。よって，式 (3.3) に示す信号の存在範囲を考慮して，式 (3.1) は，

$$X_{T_0}(f) = \int_{-T_0/2}^{T_0/2} x(t) e^{-j2\pi ft} \mathrm{d}t \tag{3.4}$$

と表される。

なお、1周期 T_0 [秒] の時間区間外で信号値がゼロ (0) とみなせる信号は、**孤立波形**と呼ばれる。フーリエ変換は、孤立波形の解析に特に有効である。

さて、1周期分のフーリエ変換 $X_{T_0}(f)$ を時間（周期）T_0 で平均化することにより、（単位時間あたりの）周波数スペクトル密度 $X(f)$ が得られ、それは、

$$X(f) = \frac{X_{T_0}(f)}{T_0} = \frac{1}{T_0} \times \left\{ \int_{-T_0/2}^{T_0/2} x(t) e^{-j2\pi ft} dt \right\} \quad (3.5)$$

と表される。

 積分区間は1周期 T_0 [秒] の幅でさえあれば、信号波形のどの区間をとってもよいので、たとえば $t=0 \sim T_0$、あるいは $t=3T_0 \sim 4T_0$ などとすることもできる。ここでは、説明の便宜上、積分する時間範囲を $t=0 \sim T_0$ とおく。

積分する時間範囲を $t=0 \sim T_0$ とすれば、式 (3.5) よりフーリエ変換は、

$$X(f) = \frac{1}{T_0} \times \left\{ \int_0^{T_0} x(t) e^{-j2\pi ft} dt \right\} \quad (3.6)$$

で与えられる。これ以降は、フーリエ変換として式 (3.6) を用いて話を進めることにしよう。

式 (3.6) を計算する前に、高校で学んだ積分の考え方として代表的な、**区分求積法（リーマン和）**を簡単に復習しておくことにする。

第3章 フーリエ変換を四則演算で計算してみよう！

計算のツボ 3-1　区分求積法（リーマン和）

いま，図3-2 のように，被積分関数 $x(t)$ のグラフの区間 $a \leq t \leq b$ で，t 軸とグラフで囲まれた面積を考える。このアミカケの面積を算出するには，次のようにする。

まず，図3-3 のように区間 $a \leq t \leq b$ を N 等分し，求める面積を"たんざく"の面積の和で近似するのである。この"たんざく"の面積の和のことを，詳しく研究した数学者の名にちなんで，**リーマン和**と呼ぶ。

左から数えて k 番目の"たんざく"の面積（長方形）を ΔS_k とおくと，図3-4 から明らかなように，
$$\Delta S_k = x(a + k\Delta t) \times \Delta t \quad ; k = 0, 1, 2, \cdots, (N-1) \quad (3.7)$$

図3-2 グラフの囲まれた面積（アミカケ部分）

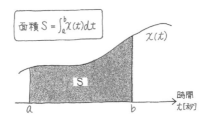

図3-3 "たんざく"で近似（リーマン和）

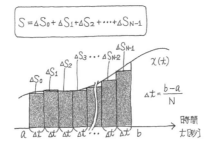

137

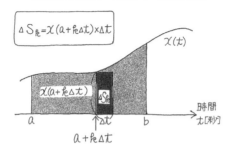

図3-4 k 番目の"たんざく"の面積 ΔS_k

と表される。ここで、Δt は"たんざく"の幅であり、

$$\Delta t = \frac{b-a}{N} \tag{3.8}$$

となる。よって、これらの1つ1つの"たんざく"の面積を、図3-3 に示したすべてについて加え合わせれば、"たんざく"の総面積が求められる。

"たんざく"の総面積 $= \Delta S_0 + \Delta S_1 + \Delta S_2 + \cdots + \Delta S_{N-1}$
$= x(a) \times \Delta t + x(a+\Delta t) \times \Delta t + x(a+2\Delta t) \times \Delta t +$
$\cdots + x(a+(N-1)\Delta t) \times \Delta t \tag{3.9}$

この式が、図3-3 のリーマン和の具体的な式表現である。ここで、等分する N の値を限りなく大きくしていくと、N 個の"たんざく"の幅 Δt は限りなく小さくなる。つまり、図3-3 の"たんざく"の総和が 図3-2 に示したアミカケ部分に限りなく近づくことになる。これを式で説明すると、式 (3.9) において、N を限りなく大きくしたときの右辺の和は、求めたい面積（図3-1 のアミカケ部分の面積）に限りなく近づくのである。以上の考え方を**区分求積法**といい、この計算処理の方法が積分法の基本となる。

◆周期を細かく分けてみる

記憶によみがえった区分求積法を利用して、いよいよ、式

(3.6) のフーリエ変換を求めてみよう。

積分範囲 $0 \leq t \leq T_0$ を N 等分して，"たんざく"の幅 Δt は，

$$\Delta t = \frac{T_0}{N} \tag{3.10}$$

となる。次に，新しい関数 $\varphi(t)$ を，

$$\varphi(t) = e^{-j2\pi ft} \tag{3.11}$$

とおくと，式 (3.6) の被積分関数は $x(t)\varphi(t)$ と書ける。このとき，k 番目の"たんざく"の面積 ΔS_k は，式 (3.7) の a がここでは 0 であるから，

$$\Delta S_k = x(k\Delta t)\varphi(k\Delta t)\Delta t \tag{3.12}$$

で与えられる。よって，式 (3.6) の値は，式 (3.9) に見るリーマン和を用いて次のように表される。

$$X(f) = \frac{1}{T_0} \times \{x(0)\varphi(0)\Delta t + x(\Delta t)\varphi(\Delta t)\Delta t + \cdots \\ + x((N-1)\Delta t)\varphi((N-1)\Delta t)\Delta t\} \tag{3.13}$$

ここで，式 (3.10) を式 (3.13) に代入して整理すると，

$$X(f) = \frac{1}{N} \times \{x(0)\varphi(0) + x(\Delta t)\varphi(\Delta t) + \cdots \\ + x((N-1)\Delta t)\varphi((N-1)\Delta t)\} \tag{3.14}$$

という関係が導き出される。

ところで，式 (3.14) のフーリエ変換を周波数 f のすべての値に対して計算するのは大変なので，適当な幅の周波数をサンプルとしてとり，それから全体的な特徴を推測することを考える。たとえば，サンプルの周波数（**サンプリング周波数**という）を適当な間隔 Δf [Hz] ごとに分割して，

$$\ell \Delta f \quad ; \ell = 0, 1, 2, \cdots, (N-1) \tag{3.15}$$

のそれぞれの周波数サンプル点に対する N 個のフーリエ変換値を計算してみよう。ここで、サンプリング周波数を f_s, サンプリング周期を Δt と書くと,

$$\Delta f = \frac{f_s}{N} \tag{3.16}$$

$$f_s = \frac{1}{\Delta t} \tag{3.17}$$

の関係があり、Δf はこのフーリエ変換の周波数分解能に当たる(つまり、Δf よりも細かく分解することはできない)。

◆具体的にフーリエ変換はどうなるの?

手始めに、式 (3.9)〜式 (3.17) に基づき、具体例として $N=4$ に対するフーリエ変換を求めてみよう。ここで、式 (3.16) と式 (3.17) より,

$$2\pi f \Delta t = 2\pi f \times \frac{1}{f_s} = 2\pi \times \frac{f}{f_s} \tag{3.18}$$

となることに注意し、フーリエ変換値をいくつかの周波数サンプル点に対して調べることを考える。

① 周波数 $f=0$ [Hz] におけるフーリエ変換値,

$$\frac{X_{T_0}(0)}{T_0} = X_0$$

式 (3.11) より,

$$\begin{cases} t=0 \text{ [秒] のとき, } \varphi(0) = e^{-j0} = 1 \\ t=\Delta t \text{ [秒] のとき, } \varphi(\Delta t) = e^{-j0 \times \Delta t} = e^{-j0} = 1 \\ t=2\Delta t \text{ [秒] のとき, } \varphi(2\Delta t) = e^{-j2 \times 0 \times \Delta t} = e^{-j0} = 1 \\ t=3\Delta t \text{ [秒] のとき, } \varphi(3\Delta t) = e^{-j3 \times 0 \times \Delta t} = e^{-j0} = 1 \end{cases}$$

となる．以上の計算結果を，リーマン和の式 (3.14) に代入すると，

$$X_0 = \frac{X_{T_0}(0)}{4}$$
$$= \frac{1}{4}[x(0) + x(\Delta t) + x(2\Delta t) + x(3\Delta t)] \quad (3.19)$$

となる．

② 周波数 $f = \Delta f = \dfrac{f_s}{4}$ におけるフーリエ変換値，

$$\frac{X_{T_0}(\Delta f)}{T_0} = X_1$$

$f \Delta t = \dfrac{f_s}{4} \times \dfrac{1}{f_s} = \dfrac{1}{4}$ を考慮して，

$$\begin{cases} t = 0 \;[\text{秒}]\;\text{のとき，}\; \varphi(0) = e^{-j0} = 1 \\ t = \Delta t \;[\text{秒}]\;\text{のとき，}\; \varphi(\Delta t) = e^{-j2\pi f \Delta t} = e^{-j\frac{\pi}{2}} \\ \qquad\qquad\qquad\qquad = \cos\left(\dfrac{\pi}{2}\right) - j\sin\left(\dfrac{\pi}{2}\right) = -j \\ t = 2\Delta t \;[\text{秒}]\;\text{のとき，}\; \varphi(2\Delta t) = e^{-j2\pi f \times (2\Delta t)} = e^{-j\pi} \\ \qquad\qquad\qquad\qquad = \cos(\pi) - j\sin(\pi) = -1 \\ t = 3\Delta t \;[\text{秒}]\;\text{のとき，}\; \varphi(3\Delta t) = e^{-j2\pi f \times (3\Delta t)} = e^{-j\frac{3\pi}{2}} \\ \qquad\qquad\qquad\qquad = \cos\left(\dfrac{3\pi}{2}\right) - j\sin\left(\dfrac{3\pi}{2}\right) = j \end{cases}$$

となる．得られた計算結果を，式 (3.14) に代入すると，

$$X_1 = \frac{X_{T_0}(\Delta f)}{4}$$
$$= \frac{1}{4}[x(0) - jx(\Delta t) - x(2\Delta t) + jx(3\Delta t)] \quad (3.20)$$

となる．

③ 周波数 $f = 2\Delta f = \dfrac{f_s}{2}$ におけるフーリエ変換値,

$$\frac{X_{T_0}(2\Delta f)}{T_0} = X_2$$

$f\Delta t = \dfrac{f_s}{2} \times \dfrac{1}{f_s} = \dfrac{1}{2}$ を考慮して,

$$\begin{cases} t = 0 \text{ [秒] のとき, } \varphi(0) = e^{-j0} = 1 \\ t = \Delta t \text{ [秒] のとき, } \varphi(\Delta t) = e^{-j2\pi f\Delta t} = e^{-j\pi} \\ \qquad\qquad\qquad\qquad = \cos(\pi) - j\sin(\pi) = -1 \\ t = 2\Delta t \text{ [秒] のとき, } \varphi(2\Delta t) = e^{-j2\pi f \times (2\Delta t)} = e^{-j2\pi} \\ \qquad\qquad\qquad\qquad = \cos(2\pi) - j\sin(2\pi) = 1 \\ t = 3\Delta t \text{ [秒] のとき, } \varphi(3\Delta t) = e^{-j2\pi f \times (3\Delta t)} = e^{-j3\pi} \\ \qquad\qquad\qquad\qquad = \cos(3\pi) - j\sin(3\pi) = -1 \end{cases}$$

となる。得られた計算結果を, 式 (3.14) に代入すると,

$$X_2 = \frac{X_{T_0}(2\Delta f)}{4}$$

$$= \frac{1}{4}[x(0) - x(\Delta t) + x(2\Delta t) - x(3\Delta t)] \qquad (3.21)$$

となる。

④ 周波数 $f = 3\Delta f = \dfrac{3f_s}{4}$ におけるフーリエ変換値,

$$\frac{X_{T_0}(3\Delta f)}{T_0} = X_3$$

$f\Delta t = \dfrac{3f_s}{4} \times \dfrac{1}{f_s} = \dfrac{3}{4}$ を考慮して,

第3章 フーリエ変換を四則演算で計算してみよう！

$$\begin{cases} t = 0 \ [秒] \ \text{のとき}, \ \varphi(0) = e^{-j0} = 1 \\ t = \Delta t \ [秒] \ \text{のとき}, \ \varphi(\Delta t) = e^{-j2\pi f \Delta t} = e^{-j\frac{3\pi}{2}} \\ \qquad\qquad\qquad\qquad = \cos\left(\frac{3\pi}{2}\right) - j\sin\left(\frac{3\pi}{2}\right) = j \\ t = 2\Delta t \ [秒] \ \text{のとき}, \ \varphi(2\Delta t) = e^{-j2\pi f \times (2\Delta t)} = e^{-j\frac{6\pi}{2}} \\ \qquad\qquad\qquad\qquad = \cos(3\pi) - j\sin(3\pi) = -1 \\ t = 3\Delta t \ [秒] \ \text{のとき}, \ \varphi(3\Delta t) = e^{-j2\pi f \times (3\Delta t)} = e^{-j\frac{9\pi}{2}} \\ \qquad\qquad\qquad\qquad = \cos\left(\frac{9\pi}{2}\right) - j\sin\left(\frac{9\pi}{2}\right) = -j \end{cases}$$

となる。得られた計算結果を，式（3.14）に代入すると，

$$X_3 = \frac{X_{T_0}(3\Delta f)}{4}$$

$$= \frac{1}{4}[x(0) + jx(\Delta t) - x(2\Delta t) - jx(3\Delta t)] \quad (3.22)$$

となる。

⑤ 周波数 $f = -\Delta f = -\frac{f_s}{4}$ におけるフーリエ変換値，

$$\frac{X_{T_0}(-\Delta f)}{T_0} = X_{-1}$$

$f\Delta t = \left(-\frac{f_s}{4}\right) \times \frac{1}{f_s} = -\frac{1}{4}$ を考慮して，

$$\begin{cases} t = 0 \text{ [秒] のとき,} \ \varphi(0) = e^{-j0} = 1 \\ t = \Delta t \text{ [秒] のとき,} \ \varphi(\Delta t) = e^{-j2\pi f \Delta t} = e^{j\frac{\pi}{2}} \\ \qquad\qquad\qquad\quad = \cos\left(\frac{\pi}{2}\right) + j\sin\left(\frac{\pi}{2}\right) = j \\ t = 2\Delta t \text{ [秒] のとき,} \ \varphi(2\Delta t) = e^{-j2\pi f \times (2\Delta t)} = e^{j\pi} \\ \qquad\qquad\qquad\quad = \cos(\pi) + j\sin(\pi) = -1 \\ t = 3\Delta t \text{ [秒] のとき,} \ \varphi(3\Delta t) = e^{-j2\pi f \times (3\Delta t)} = e^{j\frac{3\pi}{2}} \\ \qquad\qquad\qquad\quad = \cos\left(\frac{3\pi}{2}\right) + j\sin\left(\frac{3\pi}{2}\right) = -j \end{cases}$$

となる。得られた計算結果を,式(3.14)に代入すると,

$$X_{-1} = \frac{X_{T_0}(-\Delta f)}{4}$$

$$= \frac{1}{4}[x(0) + jx(\Delta t) - x(2\Delta t) - jx(3\Delta t)] \quad (3.23)$$

となり,式(3.22)の周波数 $f = 3\Delta f$ におけるフーリエ変換値に等しいことがわかる。

よって,①〜⑤のフーリエ変換値を整理して示すと,

$$\begin{cases} X_{-1} = \frac{1}{4}[x(0) + jx(\Delta t) - x(2\Delta t) - jx(3\Delta t)] = X_3 \\ X_0 = \frac{1}{4}[x(0) + x(\Delta t) + x(2\Delta t) + x(3\Delta t)] \\ X_1 = \frac{1}{4}[x(0) - jx(\Delta t) - x(2\Delta t) + jx(3\Delta t)] \\ X_2 = \frac{1}{4}[x(0) - x(\Delta t) + x(2\Delta t) - x(3\Delta t)] \end{cases}$$

$$(3.24)$$

となる。

このようにして，式 (3.1) のフーリエ変換の積分値が四則演算だけで求められるわけで，これは，パソコンを使った簡単な数値演算処理によって本格的な積分計算の肩代わりができるということのお墨つきになる。式 (3.24) のような形式のフーリエ変換を，**ディジタルフーリエ変換**という。

◆時間波形をディジタルフーリエ変換する

たとえば，図3-5 に示す時間波形 $x(t)$，すなわち，

$$x(t) = 8\cos(10\pi t) \tag{3.25}$$

のディジタルフーリエ変換を考えてみよう。式 (3.25) を見てのとおり，振幅値は 8，周波数は ($2\pi f = 10\pi$ から) 5 [Hz] の cos 波であり，$\Delta t = 0.05$ [秒] として，同式より，

図3-5 振幅 8，周波数 5 [Hz] の波に対する時間波形グラフ

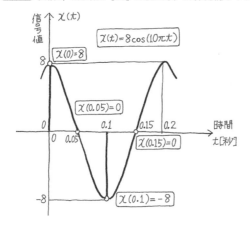

$$\begin{cases} x(0) = 8\cos(0) = 8 \\ x(0.05) = 8\cos(10\pi \times 0.05) = 8\cos(0.5\pi) = 0 \\ x(0.1) = 8\cos(10\pi \times 0.1) = 8\cos(\pi) = -8 \\ x(0.15) = 8\cos(10\pi \times 0.15) = 8\cos(1.5\pi) = 0 \end{cases}$$
(3.26)

の信号値(信号の大きさ,つまり振幅)をもつことがわかる。これらの信号値をフーリエ変換値の式(3.24)に代入すると,

$$\begin{cases} X_{-1} = \frac{1}{4}[8+j0-(-8)-j0] = 4 \\ X_0 = \frac{1}{4}[8+0+(-8)+0] = 0 \\ X_1 = \frac{1}{4}[8-j0-(-8)+j0] = 4 \\ X_2 = \frac{1}{4}[8-0+(-8)-0] = 0 \end{cases}$$
(3.27)

という値が得られる。

ここで,フーリエ変換の周波数分解能 Δf は,式(3.16)と式(3.17)より,

$$\Delta f = \frac{f_s}{4} = \frac{1}{4\Delta t} = \frac{1}{4 \times 0.05} = 5 \text{ [Hz]} \quad (3.28)$$

であり,フーリエ変換値 $\{X_\ell\}_{\ell=-1}^{\ell=2}$ とそのときの周波数 $(-\Delta f \sim 2\Delta f)$ は以下のように対応する。

$$\begin{cases} X_{-1}: (-5) \text{ [Hz]} \\ X_0: \quad 0 \text{ [Hz]}(直流成分) \\ X_1: \quad 5 \text{ [Hz]} \\ X_2: \quad 10 \text{ [Hz]} \end{cases}$$

よって,式(3.27)のフーリエ変換値を考慮すると, 図3-5

の時間波形はまさしく周波数 5［Hz］の成分のみであることがわかる．

ここで，cos 波が正の周波数と負の周波数の合成したものとして表されること，すなわち，

$$A\cos(2\pi ft) = \underbrace{\frac{A}{2}e^{j2\pi ft}}_{\text{（正の周波数成分）}} + \underbrace{\frac{A}{2}e^{-j2\pi ft}}_{\text{（負の周波数成分）}}$$

(3.29)

となることを思い出してもらいたい（**2.8 節**を参照）．つまり，振幅値 A は正の周波数成分に対する振幅値 $A/2$ と，負の周波数成分に対する振幅値 $A/2$ との和に等しくなることから，式（3.27）のフーリエ変換値より，

$|X_1|+|X_{-1}| = |4|+|4| = 4+4 = 8$

である．

時間波形をフーリエ変換することによって，こうして振幅の最大値が間違いなく導き出されたというわけだ．

フーリエ亭の お得だね情報❸　　フーリエ変換の起源

M 之助「ううむ，どういうことだろう……？」
フーリエさん「おや．どうしましたか，M 之助さん」
M 之助「フーリエさん，いいところに来てくれた．ちょっと教えてください．フーリエ変換の定義式，

$$X(f) = \int_{-\infty}^{\infty} x(t)e^{-j2\pi ft}dt \tag{3.1}$$

を，とびとびのサンプリング周期について書き直せば，式（3.24）のように足し算が積分にとって代わったディジタルフーリエ変換になる，ということはわかるんです．でも，このもともとの（3.1）という式は，そもそもどこからどうして導かれたんですか？」

フーリエさん　「フーリエ変換を使・う・ぶんには，知らなくても困ることではありませんよ。車の運転と同じで，車の詳しい構造や製造工程を知らなくたって，ちゃんと走れるでしょう。しかし，原理・原則にこだわる M 之助さんのような理科系の方のためにも，フーリエ変換の起源をひとつ，お耳に入れておきましょうか……。

こういう，ずばりと切り込んだいい質問に対しては，フーリエ級数に立ち戻って答えるのが一番いいでしょう。

実は，どんな複雑な関数も，それが周期関数（周期 T_0［秒］，$\frac{1}{T_0}=f_0$［Hz］は基本周波数という）であるかぎり，sin と cos の無限級数を使って，

$$\begin{aligned}x(t) &= \frac{a_0}{2} + (a_1\cos 2\pi f_0 t + b_1 \sin 2\pi f_0 t) \\ &\quad + (a_2 \cos 4\pi f_0 t + b_2 \sin 4\pi f_0 t) \\ &\quad + (a_3 \cos 6\pi f_0 t + b_3 \sin 6\pi f_0 t) + \cdots \\ &= \frac{a_0}{2} + \sum_{n=1}^{\infty}(a_n \cos 2\pi n f_0 t + b_n \sin 2\pi n f_0 t)\end{aligned}$$

と表示することができるのです。そして，この展開式は，不肖私の名にちなんで**フーリエ級数**と呼ばれています。私がこの事実に気づいたのは，実に 40 歳を過ぎたころのことでした。

さてこのフーリエ級数ですが，cos や sin の前についている a_n や b_n（これを**フーリエ係数**といいます）が何を表しているかといいますと，$n=1$ のときで $\sin(2\pi t/T_0)$ の寄与の大きさを，また $n=2$ では $\sin(4\pi t/T_0)$ の寄与の大きさ，$n=3$ では $\sin(6\pi t/T_0)$ の寄与の大きさ…，を表しています。「寄与の大きさ」というのは，その成分波の振幅のことにほかなりません。

このフーリエ係数を具体的に求めたい場合に必要になるのが，フーリエ変換という積分操作なのです。フーリエ級数の定義から，どういう理屈でフーリエ変換が出てくるかは，多くの参考書や教科書にいろいろと工夫して述べられているので，それらを参照していただくのがいいでしょう。

私が 1807 年にフーリエ変換を考案したのは，熱伝導を表す偏微分方程式を解くという目的のためでした。ある金属の 1 つの点に熱を与えたとき，その温度の移り変わりは，あたかも無数の波の重

第3章 フーリエ変換を四則演算で計算してみよう!

ね合わせのようにふるまいます。当時は産業革命華やかなりしころ,熱伝導を理論的に研究するのは,熱機関の設計などに大いに役立ったものでした。とはいっても,熱伝導を正面から扱うことはこの本の程度を超えますので,ここから先の話はよしておきましょう。このあたりの経緯を詳しくお知りになりたい方は,たとえば岸野正剛著『今日から使える物理数学 普及版』(講談社ブルーバックス)などをご参考になさっては,いかがでしょうか」

3.2 フーリエ変換から読み取る信号波形パラメータ

◆時間のずれた信号にも挑戦

次に,実際によく使われる例として,式(3.25)の cos 波を 0.025[秒]遅らせた波形を考えてみたい。時間を 0.025[秒]遅らせることは,たとえば式(3.25)において,

$$t \to t - 0.025 \tag{3.30}$$

と変数を置き換えることに等しい。したがって,いま考える波形は,

$$x(t) = 8 \cos \{10\pi(t - 0.025)\} \tag{3.31}$$

と表される 図3-6 。なお,式中の(−0.025)のマイナス記号は遅れた信号であることを意味している。逆にプラス記号であれば,進んだ信号を表すことになる 図3-7 。

それでは式(3.31)の cos 波をフーリエ変換してみよう。フーリエ変換するには,$\Delta t = 0.05$[秒]として4つの信号値 $\{x(k\Delta t)\}_{k=0}^{k=3}$ を知る必要があり,それらは,

図3-6 図3-5 の cos 波が 0.025 [秒] 遅れた波形グラフ

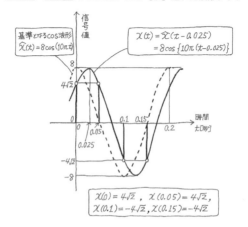

図3-7 信号波形の「進み」と「遅れ」($t_0 > 0$)

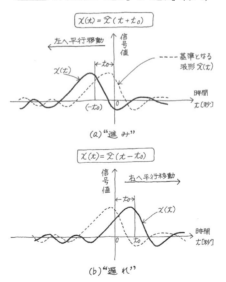

第3章　フーリエ変換を四則演算で計算してみよう！

$$\begin{cases} x(0) = 8\cos\{10\pi\times(0-0.025)\} = 8\cos(-0.25\pi) \\ \quad\quad = 8\cos(0.25\pi) = 8\times\dfrac{1}{\sqrt{2}} = 4\sqrt{2} \\ x(0.05) = 8\cos\{10\pi\times(0.05-0.025)\} = 8\cos(0.25\pi) \\ \quad\quad = 8\times\dfrac{1}{\sqrt{2}} = 4\sqrt{2} \\ x(0.1) = 8\cos\{10\pi\times(0.1-0.025)\} = 8\cos(0.75\pi) \\ \quad\quad = 8\times\left(-\dfrac{1}{\sqrt{2}}\right) = -4\sqrt{2} \\ x(0.15) = 8\cos\{10\pi\times(0.15-0.025)\} = 8\cos(1.25\pi) \\ \quad\quad = 8\times\left(-\dfrac{1}{\sqrt{2}}\right) = -4\sqrt{2} \end{cases}$$

(3.32)

となる 図3-6 。

これら4つの信号値を式（3.24）に代入すると，

$$\begin{cases} X_{-1} = \dfrac{1}{4}[4\sqrt{2}+j4\sqrt{2}-(-4\sqrt{2})-j(-4\sqrt{2})] \\ \quad\quad = 2\sqrt{2}+j2\sqrt{2} \\ X_0 = \dfrac{1}{4}[4\sqrt{2}+4\sqrt{2}+(-4\sqrt{2})+(-4\sqrt{2})] = 0 \\ X_1 = \dfrac{1}{4}[4\sqrt{2}-j4\sqrt{2}-(-4\sqrt{2})+j(-4\sqrt{2})] \\ \quad\quad = 2\sqrt{2}-j2\sqrt{2} \\ X_2 = \dfrac{1}{4}[4\sqrt{2}-4\sqrt{2}+(-4\sqrt{2})-(-4\sqrt{2})] = 0 \end{cases}$$

(3.33)

というフーリエ変換値が得られる。式（3.33）のフーリエ変換値から，0［Hz］の直流成分（X_0）と10［Hz］の周波数成分（X_2）はともに大きさが0である，つまり含まれないこと

は容易にわかるだろう。

 ぜひ，容易にわかっていただきたい。これらの値の物理的解釈については，第1章で学んだとおりだ。

◆極座標表示は魔法のテクニック

しかし，5［Hz］の周波数をもつ成分（X_{-1} および X_1）については振幅値が0でないことはわかるとしても，式 (3.31) の振幅値8と，0.025［秒］の時間遅れの情報はまったくつかめない。「なあーんだ，フーリエ変換なんて，大して役にも立たない無用の長物なのか」と思われたのではないかな。

ところが，フーリエ変換値から，信号波形の隠れた性質をあぶり出すための魔法のテクニックが存在する。それこそが，**フーリエ変換値の極座標表示**である。それでは，極座標表示することによって，物理的な意味のある情報がどのようにして得られるのかを説明しよう。

まず，式 (3.33) の正と負の 5［Hz］の周波数成分である X_1 と X_{-1} の極座標表示を求めてみる。それには，たとえば，$X_1 = 2\sqrt{2} - j2\sqrt{2}$ については，振幅（数学的には絶対値に相当する）$|X_1|$ と位相（偏角に相当する）$\angle X_1$ を求めればよい。すなわち，

$$|X_1| = \sqrt{(2\sqrt{2})^2 + (-2\sqrt{2})^2} = \sqrt{16} = 4 \qquad (3.34)$$

$$\angle X_1 = \arctan(2\sqrt{2}, (-2\sqrt{2})) = \tan^{-1}\left(\frac{-2\sqrt{2}}{2\sqrt{2}}\right)$$

$$= \tan^{-1}(-1) = -\tan^{-1}(1) = -\frac{\pi}{4} \qquad (3.35)$$

第3章 フーリエ変換を四則演算で計算してみよう!

となり、これらを用いて5 [Hz] の周波数成分を極形式で表すと、

$$X_1 = |X_1|e^{j\angle X_1} = 4e^{j\left(-\frac{\pi}{4}\right)} \tag{3.36}$$

となる。同様にして、(-5) [Hz] の周波数成分は

$$X_{-1} = |X_{-1}|e^{j\angle X_{-1}} = 4e^{j\frac{\pi}{4}} \tag{3.37}$$

と計算できるので、正と負の周波数成分は互いに複素共役であることが理解されよう(**計算のツボ 1-3 参照**)。

以上より、振幅値と時間のずれは、

$$|X_1|+|X_{-1}| = 4+4 = 8 \text{ (振幅)} \tag{3.38}$$

$$\frac{\angle X_1}{2\pi f} = \frac{(-\pi/4)}{2\pi \times 5} = -\frac{1}{40} = -0.025 \text{ [秒] (時間のずれ)} \tag{3.39}$$

となり、驚くなかれ、フーリエ変換値から隠れていた物理的性質が見事にあぶり出された(**1.4 節**で導入した「**仮説 3**」と**計算のツボ 2-2** を参照)。このようにフーリエ変換値を極座標表示することで、正の周波数成分に対する振幅と位相(単位は [rad])から、振幅と時間のずれは次式で求められる。

$$(振幅) = 2 \times (正の周波数成分に対する振幅) \tag{3.40}$$

$$(時間のずれ) = \frac{(位相)}{2\pi \times (周波数 [Hz])}$$

$$= \frac{(位相)}{(角周波数 [rad/秒])} \text{ [秒]} \tag{3.41}$$

\ナットク/の例題 3-1

次の 2 つの信号波形について、式 (3.24) のフーリエ変換式から振幅と位相を求め、数式表現と波形グラフをそれぞれ示してほしい。なお、基準になる周期波形としては、cos 波($\tilde{x}(t) =$

cos $(2\pi ft)$) を考えればよい。

① $x(0)=0, x(0.05)=-6, x(0.1)=0, x(0.15)=6$
② $x(0)=-2, x(0.05)=2\sqrt{3}, x(0.1)=2, x(0.15)=-2\sqrt{3}$

答えはこちら

式(3.24)に信号値を代入してフーリエ変換値を算出し，極座標表示して振幅と位相を求めたあと，①，②の各波形の数式表現とグラフを描けばよい。与えられた条件からわかるように，サンプリング間隔は $\Delta t=0.05$ [秒] なので，周波数分解能 Δf は式(3.16)と式(3.17)より，

$$\Delta f = \frac{1}{N\Delta t} = \frac{1}{4\times 0.05} = 5 \text{ [Hz]}$$

である。

①の波形

$$\begin{cases} X_{-1} = \frac{1}{4}[0+j(-6)-0-j6] = -j3 = 3e^{-j\frac{\pi}{2}} \\ X_0 = \frac{1}{4}[0+(-6)+0+6] = 0 \\ X_1 = \frac{1}{4}[0-j(-6)-0+j6] = j3 = 3e^{j\frac{\pi}{2}}(=\overline{X_{-1}}) \\ X_2 = \frac{1}{4}[0-(-6)+0-6] = 0 \end{cases} \quad (3.42)$$

式(3.42)のフーリエ変換値に基づき，式(3.40)と式(3.41)を適用すると，振幅とずれ時間とがそれぞれ次のように得られることがわかる。

$$\begin{cases} \text{振幅} = 2\times|X_1| = 2\times 3 = 6 \\ \text{ずれ時間} = \frac{\angle X_1}{2\pi f} = \frac{\left(\frac{\pi}{2}\right)}{2\pi\times 5} = \frac{1}{20} = 0.05 \text{ [秒]} \end{cases}$$

よって，基準となる波形を6倍して $x(t)=6\cos(10\pi t)$，ずれ時間 t_0 が正（プラス）なので，この波形を左へ $t_0=0.05$ [秒] だけ平行移動した波形グラフが描ける 図3-8(a)。

第 3 章　フーリエ変換を四則演算で計算してみよう！

図3-8 例題 3-1 の波形グラフ

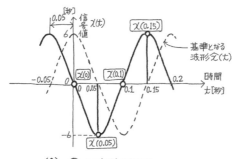

(a) ① の波形グラフ

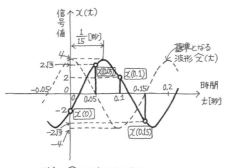

(b) ② の波形グラフ

図3-8(a) の波形は，振幅が 6 で周波数 5 [Hz] の cos 波が 0.05 [秒] 進んだ（左にずれた）信号であり，数式で表すと，

$$x(t) = 6\cos\left(10\pi t + \frac{\pi}{2}\right) = 6\cos\{10\pi(t+0.05)\} \quad (3.43)$$

となることもわかる。

②の波形

$$\begin{cases} X_{-1} = \frac{1}{4}[(-2)+j2\sqrt{3}-2-j(-2\sqrt{3})] = -1+j\sqrt{3} = 2e^{j\frac{2\pi}{3}} \\ X_0 = \frac{1}{4}[(-2)+2\sqrt{3}+2+(-2\sqrt{3})] = 0 \\ X_1 = \frac{1}{4}[(-2)-j2\sqrt{3}-2+j(-2\sqrt{3})] \\ \quad = -1-j\sqrt{3} = 2e^{j\left(-\frac{2\pi}{3}\right)}(=\overline{X_{-1}}) \\ X_2 = \frac{1}{4}[(-2)-2\sqrt{3}+2-(-2\sqrt{3})] = 0 \end{cases} \quad (3.44)$$

式(3.44)のフーリエ変換値に基づき,式(3.40)と式(3.41)より,振幅とずれ時間が得られる。

$$\begin{cases} 振幅 = 2\times|X_1| = 2\times 2 = 4 \\ ずれ時間 = \frac{\angle X_1}{2\pi f} = \frac{\left(-\frac{2\pi}{3}\right)}{2\pi\times 5} = -\frac{1}{15}\text{[秒]} \end{cases}$$

したがって,ずれ時間 t_0 が負(マイナス)なので,基準となる波形 $x(t)=4\cos(10\pi t)$ を右へ $t_0=\frac{1}{15}$ [秒] だけ平行移動した波形グラフが描ける 図3-8(b) 。 図3-8(b) の波形は振幅が4で周波数 5 [Hz] の cos 波が,$\frac{1}{15}$ [秒] 遅れた(右にずれた)信号であり,数式で表すと,

$$x(t) = 4\cos\left(10\pi t - \frac{2\pi}{3}\right) = 4\cos\left\{10\pi\left(t-\frac{1}{15}\right)\right\} \quad (3.45)$$

となることもわかる。

3.3 逆フーリエ変換の四則計算アルゴリズム

◆逆もまた真なり

フーリエ変換が時間波形の周波数成分を求めるための手法であることは，以上で実感してもらえたのではなかろうか。次に，フーリエ変換の逆操作として，周波数成分の情報（振幅と位相）からもとの信号の時間波形を計算してみたい。

いま，図3-9 に基づき，繰り返される一定の周波数（$f_0 = f_s$），すなわち，

$$f = -\frac{f_s}{2} \sim \frac{f_s}{2} \quad ;ここで f_s = \frac{1}{\Delta t} \tag{3.46}$$

の範囲で積分することを考える。式（1.2）を考慮すれば，逆フーリエ変換は，

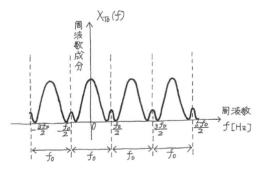

図3-9 周波数成分の周期性

$$x(t) = \int_{-f_s/2}^{f_s/2} X_{T_0}(f) e^{j2\pi ft} \mathrm{d}f \tag{3.47}$$

と表される。

◆もう一度リーマン和からやってみる

それでは，3.1 節のフーリエ変換の場合と同様に，リーマン和による積分計算を適用してみよう。まず，簡単のために，

$$\psi(f, t) = e^{j2\pi ft} \tag{3.48}$$

とおけば，式 (3.47) の積分値は，式 (3.15)，式 (3.16) などを考慮して，

$$\begin{aligned}x(t) &= \sum_{\ell=-(N/2)+1}^{N/2} X_{T_0}(\ell \Delta f) \psi(\ell \Delta f, t) \Delta f \\ &= \Delta f \sum_{\ell=-(N/2)+1}^{N/2} X_{T_0}(\ell \Delta f) \psi(\ell \Delta f, t) \end{aligned} \tag{3.49}$$

で近似計算される。ここで周波数分解能 Δf [Hz] は，サンプリング周波数 f_s を N 等分した値であり，

$$\Delta f = \frac{f_s}{N} = \frac{1}{N} \times \left(\frac{1}{\Delta t}\right) \tag{3.50}$$

となる関係から，

$$\Delta f = \frac{1}{N \Delta t} = \frac{1}{T_0} \tag{3.51}$$

が成立する。式 (3.51) を式 (3.49) に代入して，

$$x(t) = \sum_{\ell=-(N/2)+1}^{N/2} \left(\frac{X_{T_0}(\ell \Delta f)}{T_0}\right) \psi(\ell \Delta f, t) \tag{3.52}$$

となる。

また式 (3.5) より，Δf [Hz] ごとの離散的な（とびとびの）周波数 $\ell \Delta f$ におけるフーリエ変換値は，

第3章 フーリエ変換を四則演算で計算してみよう！

$$\frac{X_{T_0}(\ell\Delta f)}{T_0} = X_\ell \tag{3.53}$$

で表されるので，式 (3.52) は，

$$x(t) = \sum_{\ell=-(N/2)+1}^{N/2} X_\ell \psi(\ell\Delta f, t) \tag{3.54}$$

と書き直される。

ここで，式 (3.54) がどんな物理的な意味をもつかを理解してもらうため，$N=4$ の場合について式を展開してみることにしよう。

$$\begin{aligned}x(t) &= \frac{1}{T_0}\{X_{T_0}(-\Delta f)e^{-j2\pi\times(\Delta f)t} + X_{T_0}(0) \\ &\quad + X_{T_0}(\Delta f)e^{j2\pi\times(\Delta f)t} + X_{T_0}(2\Delta f)e^{j2\pi\times(2\Delta f)t}\} \\ &= \underbrace{\frac{X_{T_0}(-\Delta f)}{T_0}}_{X_{-1}}e^{-j2\pi\times(\Delta f)t} + \underbrace{\frac{X_{T_0}(0)}{T_0}}_{X_0} \\ &\quad + \underbrace{\frac{X_{T_0}(\Delta f)}{T_0}}_{X_1}e^{j2\pi\times(\Delta f)t} + \underbrace{\frac{X_{T_0}(2\Delta f)}{T_0}}_{X_2}e^{j2\pi\times(2\Delta f)t} \\ &= X_{-1}e^{-j2\pi\times(\Delta f)t} + X_0 + X_1 e^{j2\pi\times(\Delta f)t} + X_2 e^{j2\pi\times(2\Delta f)t}\end{aligned} \tag{3.55}$$

さらに，式 (3.55) に $t=0, \Delta t, 2\Delta t, 3\Delta t$ を代入して，それぞれの時刻における信号値を算出した結果は以下のようになる。なお，式 (3.50) より，

$$\Delta f \Delta t = \frac{1}{N} \tag{3.56}$$

となるが，これ以後は $N=4$ なので $\Delta f \Delta t = \frac{1}{4}$ として計算を進めることにする。

① $t=0$ の場合
$$\begin{aligned} x(0) &= X_{-1}e^{-j0}+X_0+X_1e^{j0}+X_2e^{j0} \\ &= X_{-1}+X_0+X_1+X_2 \end{aligned}$$

② $t=\Delta t$ の場合
$$\begin{aligned} x(\Delta t) &= X_{-1}e^{-j2\pi\Delta f\times(\Delta t)}+X_0+X_1e^{j2\pi\Delta f\times(\Delta t)} \\ &\quad +X_2e^{j4\pi\Delta f\times(\Delta t)} \\ &= X_{-1}e^{-j2\pi\Delta f\Delta t}+X_0+X_1e^{j2\pi\Delta f\Delta t}+X_2e^{j4\pi\Delta f\Delta t} \\ &= X_{-1}e^{-j\frac{\pi}{2}}+X_0+X_1e^{j\frac{\pi}{2}}+X_2e^{j\pi} \\ &= -jX_{-1}+X_0+jX_1-X_2 \end{aligned}$$

③ $t=2\Delta t$ の場合
$$\begin{aligned} x(2\Delta t) &= X_{-1}e^{-j2\pi\Delta f\times(2\Delta t)}+X_0+X_1e^{j2\pi\Delta f\times(2\Delta t)} \\ &\quad +X_2e^{j4\pi\Delta f\times(2\Delta t)} \\ &= X_{-1}e^{-j4\pi\Delta f\Delta t}+X_0+X_1e^{j4\pi\Delta f\Delta t}+X_2e^{j8\pi\Delta f\Delta t} \\ &= X_{-1}e^{-j\pi}+X_0+X_1e^{j\pi}+X_2e^{j2\pi} \\ &= -X_{-1}+X_0-X_1+X_2 \end{aligned}$$

④ $t=3\Delta t$ の場合
$$\begin{aligned} x(3\Delta t) &= X_{-1}e^{-j2\pi\Delta f\times(3\Delta t)}+X_0+X_1e^{j2\pi\Delta f\times(3\Delta t)} \\ &\quad +X_2e^{j4\pi\Delta f\times(3\Delta t)} \\ &= X_{-1}e^{-j6\pi\Delta f\Delta t}+X_0+X_1e^{j6\pi\Delta f\Delta t}+X_2e^{j12\pi\Delta f\Delta t} \\ &= X_{-1}e^{-j\frac{3\pi}{2}}+X_0+X_1e^{j\frac{3\pi}{2}}+X_2e^{j3\pi} \\ &= jX_{-1}+X_0-jX_1-X_2 \end{aligned}$$

以上の計算結果を整理すると，$N=4$ に対する逆フーリエ変換は，

$$\begin{cases} x_0 = x(0) = X_{-1}+X_0+X_1+X_2 \\ x_1 = x(\Delta t) = -jX_{-1}+X_0+jX_1-X_2 \\ x_2 = x(2\Delta t) = -X_{-1}+X_0-X_1+X_2 \\ x_3 = x(3\Delta t) = jX_{-1}+X_0-jX_1-X_2 \end{cases} \quad (3.57)$$

第3章 フーリエ変換を四則演算で計算してみよう！

と表される。

この式 (3.57) は，式 (3.24) とともに今後もしばしば登場するので，頭のすみに留めておいてもらいたい。

◆逆フーリエ変換は信号の合成テクニック

これから先は，いろいろな周波数成分からもとの信号波形（式 (3.57)）を再現し，逆フーリエ変換の計算プロセスを体験してみることにしよう。

たとえば，図3-10(a) に示す周波数スペクトル，すなわち，

$$\{X_{-1} = 0, X_0 = 3, X_1 = 0, X_2 = 0\} \tag{3.58}$$

の逆フーリエ変換を考えてみる。式 (3.58) より，直流成分が $3(X_0=3)$ で，ほかの周波数成分が含まれない ($X_{-1}=X_1=X_2=0$) スペクトルであることがわかる。そこで，これらのスペクトル値を式 (3.57) に代入すると，

$$\begin{cases} x_0 = 0+3+0+0 = 3 \\ x_1 = -j0+3+j0-0 = 3 \\ x_2 = -0+3-0+0 = 3 \\ x_3 = j0+3-j0-0 = 3 \end{cases} \tag{3.59}$$

となり，信号値，つまり振幅値が3で一定の直流が再合成される 図3-10(b) 。こうして，逆フーリエ変換がフーリエ変換の逆処理に当たることが理解できるだろう。

また，図3-11(a) に示す周波数スペクトル，すなわち，

$$\{X_{-1} = 3, X_0 = 0, X_1 = 3, X_2 = 0\} \tag{3.60}$$

をもつ信号波形は，周波数 5 [Hz] の交流成分 ($X_{-1}=X_1=3$) を含み，ほかの周波数成分を含まないこと ($X_0=X_2=0$) がわかる。これら4つのスペクトル値を式 (3.57) に代入すると，

図3-10 逆フーリエ変換による信号合成(その1)

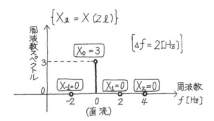

(a) 周波数成分

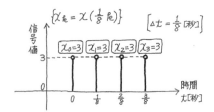

(b) 信号波形(直流, 0[Hz])

$$\begin{cases} x_0 = 3+0+3+0 = 6 \\ x_1 = -j3+0+j3-0 = 0 \\ x_2 = -3+0-3+0 = -6 \\ x_3 = j3+0-j3-0 = 0 \end{cases} \tag{3.61}$$

と計算される。つまり,$X_1=3$ より,絶対値 $|X_1|$ と $|X_{-1}|$ はそれぞれ3であることから,cos波の振幅値($|X_1|+|X_{-1}|$)は6となる。位相(つまり偏角)は $\angle X_1=0$ なので,基準の cos 波と同位相だとわかる **図3-11(b)**。つまり,周波数が5[Hz]で,振幅値が6のcos波が再合成されるのである。

第3章 フーリエ変換を四則演算で計算してみよう！

図3-11 逆フーリエ変換による信号合成（その2）

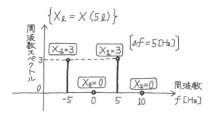

(a) 周波数成分

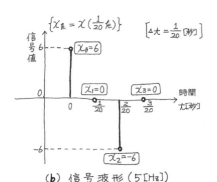

(b) 信号波形（5[Hz]）

このように，逆フーリエ変換で求めた信号波形の特徴が，フーリエ変換の物理的意味（周波数成分，振幅，位相）とよく合致していることから，式（3.24）と式（3.57）のフーリエ変換および逆変換の定義式が妥当であることがわかる。

さらに，**図3-12(a)** に示す周波数スペクトル，すなわち，

$$\{X_{-1} = -j3, X_0 = 0, X_1 = j3, X_2 = 0\} \tag{3.62}$$

の逆フーリエ変換（式（3.57））により，信号値は，次のように計算される。

163

図3-12 逆フーリエ変換による信号合成（その3）

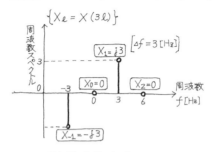

(a) 周波数成分

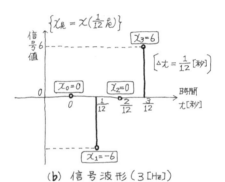

(b) 信号波形（3 [Hz]）

$$\begin{cases} x_0 = (-j3)+0+(j3)+0 = 0 \\ x_1 = -j(-j3)+0+j(j3)-0 = 6j^2 = -6 \\ x_2 = -(-j3)+0-(j3)+0 = 0 \\ x_3 = j(-j3)+0-j(j3)-0 = -6j^2 = 6 \end{cases} \quad (3.63)$$

ここで，$X_1=j3$ より，絶対値 $|X_1|$ は3なので，cos波の振幅値は $|X_1|$ の2倍で6が得られる。また，位相 $\angle X_1$ は $\left(+\dfrac{\pi}{2}\right)$ なので，基準となるcos波が $\dfrac{\pi}{2}$ 進んでいる波形だとわかる 図3-12(b)。

第3章 フーリエ変換を四則演算で計算してみよう！

\ナットク/の例題 3-2

図3-13 の周波数成分をもつ信号波形を合成してみよう。

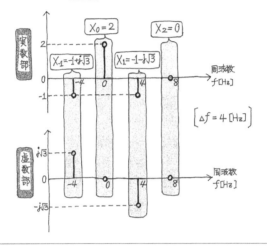

図3-13 例題 3-2 の周波数成分

> 答えはこちら

題意より与えられた周波数のスペクトル，すなわち，

$$\{X_{-1} = -1+j\sqrt{3}, X_0 = 2, X_1 = -1-j\sqrt{3}, X_2 = 0\} \quad (3.64)$$

の逆フーリエ変換（式（3.57））として，

$$\begin{cases} x_0 = (-1+j\sqrt{3})+2+(-1-j\sqrt{3})+0 = 0 \\ x_1 = -j(-1+j\sqrt{3})+2+j(-1-j\sqrt{3})-0 = 2+2\sqrt{3} \\ x_2 = -(-1+j\sqrt{3})+2-(-1-j\sqrt{3})+0 = 4 \\ x_3 = j(-1+j\sqrt{3})+2-j(-1-j\sqrt{3})-0 = 2-2\sqrt{3} \end{cases} \quad (3.65)$$

の信号値が得られる。ここで，$X_0=2$ より振幅 2 の直流，また $X_1 = -1-j\sqrt{3}$ より，

$$\begin{cases} |X_1| = \sqrt{(-1)^2+(-\sqrt{3})^2} = 2 \\ \angle X_1 = \arctan(-1, -\sqrt{3}) = -\pi + \tan^{-1}\left(\dfrac{-\sqrt{3}}{-1}\right) = -\dfrac{2\pi}{3} \end{cases} \quad (3.66)$$

図3-14 例題 3-2 の信号波形

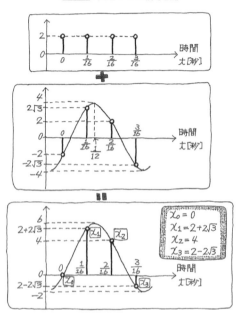

となる。よって、cos 波の振幅は $|X_1|$ の 2 倍で 4, 位相 $\angle X_1$ は $\left(-\dfrac{2\pi}{3}\right)$ で、基準となる cos 波が $\dfrac{2\pi}{3}$ 遅れていることがわかり、振幅 2 の直流信号と 4 [Hz] の cos 波を合成したものであることもわかる **図3-14**。

ここで、**図3-13** から周波数分解能は $\Delta f = 4$ [Hz] なので、サンプリング間隔 Δt は式 (3.16) と式 (3.17) より、

$$\Delta t = \frac{1}{N \Delta f} = \frac{1}{4 \times 4} = \frac{1}{16} \ [秒]$$

である。また、時間のずれは式 (3.41) に基づき、

$$\frac{-\dfrac{2\pi}{3}}{2\pi \times 4} = -\frac{1}{12} \ [秒]$$

であり、負号（マイナス）なので $\dfrac{1}{12}$ [秒] 遅れていることになる。

第 4 章

フーリエ変換でこんなことができる！

フーリエ変換の応用

フーリエ変換，逆フーリエ変換がどういう計算なのか，どんな物理的意味をもっているのかは，前章までの説明で何となくわかっていただけたのではないかと思うのだが……。

 万一わからなかったとしても，気に病む必要はない。このように使えますよという実例を見たあとで，改めて原理的な箇所を見直すというのも有効だ。

でも，「フーリエ変換で何がどこまでできるの？」という知的好奇心がふつふつと湧いてきて，早くこの先を知りたいと思われた人も多いのではないだろうか。そんな知識欲にお応えすべく，本章では，ディジタルフーリエ変換の応用事例を簡単なモデルに置き換えて，わかりやすく説明するとしよう。乞う，ご期待！

4.1 雑音を除去する

◆ 4つの手順でできる雑音除去

いま，雑音を含む信号 $x(t)$，
$$x(t) = s(t)+n(t) \tag{4.1}$$
ただし，$s(t)$：信号成分，$n(t)$：雑音成分
から信号成分 $s(t)$ を取り出したい。そこで，フーリエ変換を利用することを考えてみる 図4-1 。

第 4 章 フーリエ変換でこんなことができる！

図4-1 雑音を除去する処理

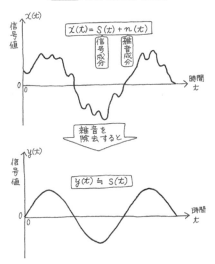

> s は signal（信号）の略，n は noise（雑音）の略だ。いうまでもないが，この雑音というのは"人間の耳に聞こえる音"のことではない。本当に欲しい情報を妨げる余計な情報を，一般に雑音というのである。

フーリエ変換を利用した雑音除去の方法は，基本的には，次の4つの手順から成り立っている **図4-2**。

手順1 雑音を含む信号 $x(t)$ をフーリエ変換して，周波数成分を分析する。

手順2 信号 $x(t)$ のフーリエ変換により得られた周波数スペクトル値 $X(f)$ のうち，どれが信号成分で，どれが雑音成分かを見分ける。

図4-2 フーリエ変換による雑音の除去プロセス

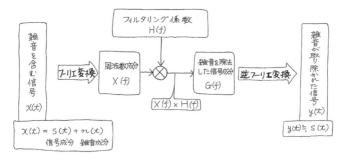

手順3 $X(f)$ に対して，信号成分と思われるものには1，雑音成分と思われるものには0を掛ける。

手順4 さらに逆フーリエ変換して，信号に戻す。

つまり，信号は雑音よりもスペクトル値が大きいことを利用し，信号の周波数スペクトルは"1を掛けて取り出す"。そして，不要な雑音は"0を掛けて取り除く"という図式だ。

以下に，雑音除去の処理手順を具体的に示しておこう。

手順1 フーリエ変換による周波数成分の計算

雑音を含む信号 $x(t)$ から，お馴染みの式，

$$X(f) = \int_{-\infty}^{\infty} x(t) e^{-j2\pi ft} dt \tag{4.2}$$

に基づいてフーリエ変換を行うことにより，周波数成分 $X(f)$ を求める。

手順2 信号と雑音の識別判定

周波数成分 $X(f)$ の値の大小を見て，信号と雑音の

第4章　フーリエ変換でこんなことができる！

識別を行う。たとえば,

$$\begin{cases} |X(f)| \geqq \varepsilon \text{であれば，} X(f) \text{は信号成分} \\ |X(f)| < \varepsilon \text{であれば，} X(f) \text{は雑音成分} \end{cases} \quad (4.3)$$

とすればよい。ここで，ε（イプシロン）は雑音と信号とを切り分けるための判定レベル（閾値（しきいち））であり，場合に応じて適切な値を定めておく必要がある。

手順3　雑音除去の計算

周波数成分 $X(f)$ に掛ける係数を $H(f)$ とするとき，

$$\begin{cases} \text{信号成分に対しては } H(f) = 1 \\ \text{雑音成分に対しては } H(f) = 0 \end{cases} \quad (4.4)$$

として，

$$G(f) = X(f) \times H(f) \quad (4.5)$$

を計算して，雑音を除去した周波数スペクトル $G(f)$ を作成する。

手順4　逆フーリエ変換による時間波形の再合成

手順3 で得られた信号のみの周波数成分 $G(f)$ をもった信号 $y(t)$ を再合成するために，例の式,

$$y(t) = \int_{-\infty}^{\infty} G(f) e^{j2\pi ft} df \quad (4.6)$$

に基づき，逆フーリエ変換値を計算する。

以上の手順を踏んで，フーリエ変換値と逆フーリエ変換値を算出することにより，雑音除去システムを実現する。なお，式 (4.2) の $X(f)$ および式 (4.6) の $y(t)$ の積分計算は，それぞれ式 (3.24)，式 (3.57) と同様の方法で周期を4分割して，次のように近似計算する。

- 周波数成分の分析計算（フーリエ変換による）

$$\begin{cases} X_{-1} = X(-\Delta f) \\ \quad = \dfrac{1}{4}[x(0)+jx(\Delta t)-x(2\Delta t)-jx(3\Delta t)] \\ X_0 = X(0) \\ \quad = \dfrac{1}{4}[x(0)+x(\Delta t)+x(2\Delta t)+x(3\Delta t)] \\ X_1 = X(\Delta f) \\ \quad = \dfrac{1}{4}[x(0)-jx(\Delta t)-x(2\Delta t)+jx(3\Delta t)] \\ X_2 = X(2\Delta f) \\ \quad = \dfrac{1}{4}[x(0)-x(\Delta t)+x(2\Delta t)-x(3\Delta t)] \end{cases} \quad (4.7)$$

- 時間波形の再合成計算（逆フーリエ変換による）

$$\begin{cases} y_0 = y(0) = G_{-1}+G_0+G_1+G_2 \\ y_1 = y(\Delta t) = -jG_{-1}+G_0+jG_1-G_2 \\ y_2 = y(2\Delta t) = -G_{-1}+G_0-G_1+G_2 \\ y_3 = y(3\Delta t) = jG_{-1}+G_0-jG_1-G_2 \end{cases} \quad (4.8)$$

◆雑音除去の実例をご覧ください

それでは，一例を示してみよう。いま，図4-3 のような雑音を含んだ信号から，フーリエ変換と逆フーリエ変換を利用して雑音を除去したいとする。手順1 〜 手順4 に基づき，雑音を取り除く処理の様子を検証してみよう。ただし，信号と雑音を識別する判定レベル ε は 0.5 とする。

雑音を取り除く処理を**フィルタリング**ともいう。フィルタとは「濾過するもの」という意味だが，ここでいうフィルタリン

第 4 章 フーリエ変換でこんなことができる！

図4-3 雑音を含む信号 $x(t)$

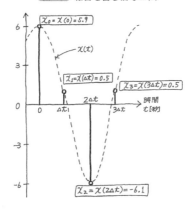

グとは「欲しい周波数成分だけを通過させる」という意味だ。

以下，手順ごとに信号値の計算結果を示す **図4-4**。

手順1 周波数成分（フーリエ変換値）の計算

式（4.7）に基づき，信号値（$x_0=5.9, x_1=0.5, x_2=-6.1, x_3=0.5$）をフーリエ変換して，周波数成分を求める。

$$\begin{cases} X_{-1} = \frac{1}{4}[5.9+j0.5-(-6.1)-j0.5] = 3 \\ X_0 = \frac{1}{4}[5.9+0.5+(-6.1)+0.5] = 0.2 \\ X_1 = \frac{1}{4}[5.9-j0.5-(-6.1)+j0.5] = 3 \\ X_2 = \frac{1}{4}[5.9-0.5+(-6.1)-0.5] = -0.3 \end{cases} \quad (4.9)$$

図4-4 図4-3の信号のフィルタリング処理

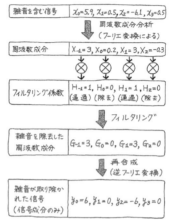

(a) 計算結果

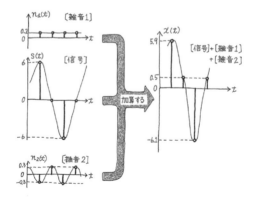

(b) 雑音を含む信号

第4章 フーリエ変換でこんなことができる！

手順2 信号と雑音の識別判定

手順1 の結果から，判定レベルを $\varepsilon=0.5$ として，式 (4.3) を用い，次のように信号と雑音とを切り分ける。

$$\begin{cases} |X_{-1}| = 3 \geq 0.5 & \Rightarrow \quad 信号成分 \\ |X_0| = 0.2 < 0.5 & \Rightarrow \quad 雑音成分 \\ |X_1| = 3 \geq 0.5 & \Rightarrow \quad 信号成分 \\ |X_2| = 0.3 < 0.5 & \Rightarrow \quad 雑音成分 \end{cases} \quad (4.10)$$

手順3 雑音除去の計算

各周波数成分ごとに掛けるフィルタリング係数値は，

$$\begin{cases} H_{-1} = 1 \ （信号なので，通す） \\ H_0 = 0 \ （雑音なので，通さない） \\ H_1 = 1 \ （信号なので，通す） \\ H_2 = 0 \ （雑音なので，通さない） \end{cases} \quad (4.11)$$

とすればよい。その結果，雑音が取り除かれた信号の周波数成分，$G_{-1} \sim G_2$ は以下のようになる。

$$\begin{aligned} &\{G_{-1}, G_0, G_1, G_2\} \\ &= \{X_{-1} \times H_{-1}, X_0 \times H_0, X_1 \times H_1, X_2 \times H_2\} \\ &= \{3, 0, 3, 0\} \end{aligned} \quad (4.12)$$

手順4 逆フーリエ変換による時間波形の再合成

手順3 で得られた周波数成分 $\{G_{-1}, G_0, G_1, G_2\}$（式 (4.12)）を式 (4.8) に代入して逆フーリエ変換をおこない，出力信号 $\{y_0, y_1, y_2, y_3\}$ を計算する。

$$\begin{cases} y_0 = 3+0+3+0 = 6 \\ y_1 = -j3+0+j3-0 = 0 \\ y_2 = -3+0-3+0 = -6 \\ y_3 = j3+0-j3-0 = 0 \end{cases} \quad (4.13)$$

以上より，$y_k=s_k$ は信号成分であることから，雑音を除去できたことになるのである。

＼ナットク／の例題 4-1

図4-5 の観測信号データに埋もれているモータの回転音（単一周波数で 250 [Hz]）を，フーリエ変換と逆フーリエ変換を利用して取り出したい。本節で解説した **手順1** ～ **手順4** に基づき，計算結果を示せ。

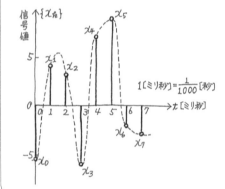

図4-5 観測信号データ

答えはこちら

雑音除去とほぼ同様の処理の流れでよいが，250 [Hz] という周波数が，周期を 8 等分して求めたフーリエ変換値のどれに当たるのかを見極める必要がある。図4-5 より時間間隔 $\Delta t=0.001$ [秒]であり，逆数をとって周波数分解能は，

$$\Delta f = \frac{1}{8 \times \Delta t} = \frac{1}{0.008} = 125 \text{ [Hz]}$$

となる。よって，250 [Hz]/125 [Hz]＝2 より 250 [Hz] の周波数は $X_2=X(2\Delta f)$ に相当することがわかる。図4-6 に処理結果を示しておくので，各自で検算してほしい。

第4章 フーリエ変換でこんなことができる！

なお，フーリエ変換，逆フーリエ変換の計算式は，N 等分した形式として，

- フーリエ変換の計算式

$$X_\ell = X(\ell \Delta f) = \frac{1}{N}\sum_{k=0}^{N-1} x(k\Delta t)e^{-j2\pi k\ell \Delta f}$$

; $\ell = -\dfrac{N}{2}+1$ から $\dfrac{N}{2}$ まで (4.14)

- 逆フーリエ変換の計算式

$$x(k\Delta f) = \sum_{\ell=0}^{N-1} X_\ell e^{j2\pi k\ell \Delta f}$$; $k = 0$ から $N-1$ まで (4.15)

図4-6 モータ音の抽出処理

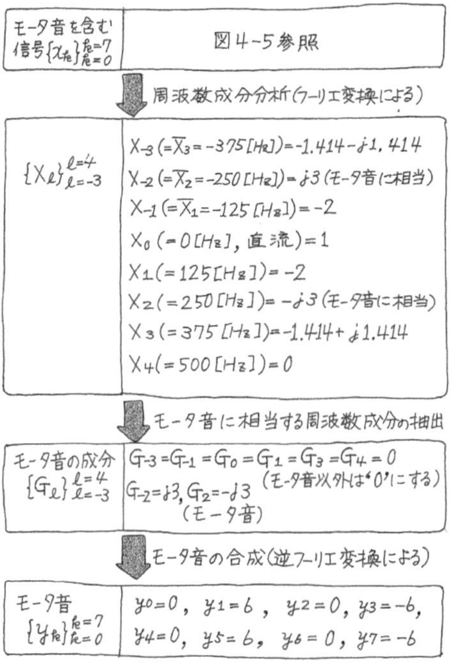

```
┌─────────────────┬──────────────────────────────┐
│ モータ音を含む   │                              │
│ 信号 {xₖ}ₖ₌₀^{k=7} │        図4-5参照             │
└─────────────────┴──────────────────────────────┘
            ↓ 周波数成分分析（フーリエ変換による）
┌──────────────────────────────────────────────┐
│                X₋₃(=X̄₃=-375[Hz])=-1.414-j1.414 │
│ {Xₗ}ₗ₌₋₃^{ℓ=4}  X₋₂(=X̄₂=-250[Hz])=j3（モータ音に相当）│
│                X₋₁(=X̄₁=-125[Hz])=-2            │
│                X₀(=0[Hz], 直流)=1              │
│                X₁(=125[Hz])=-2                 │
│                X₂(=250[Hz])=-j3（モータ音に相当）│
│                X₃(=375[Hz])=-1.414+j1.414      │
│                X₄(=500[Hz])=0                  │
└──────────────────────────────────────────────┘
            ↓ モータ音に相当する周波数成分の抽出
┌─────────────────┬──────────────────────────────┐
│ モータ音の成分   │ G₋₃=G₋₁=G₀=G₁=G₃=G₄=0        │
│ {Gₗ}ₗ₌₋₃^{ℓ=4}  │ G₋₂=j3, G₂=-j3（モータ音以外は'0'にする）│
│                 │ （モータ音）                 │
└─────────────────┴──────────────────────────────┘
            ↓ モータ音の合成（逆フーリエ変換による）
┌─────────────────┬──────────────────────────────┐
│ モータ音         │ y₀=0, y₁=6, y₂=0, y₃=-6      │
│ {yₖ}ₖ₌₀^{k=7}    │ y₄=0, y₅=6, y₆=0, y₇=-6      │
└─────────────────┴──────────────────────────────┘
```

と表される。

　唐突に出てきたような2つの式だが，これらは第3章ですでに一度扱ったものだから，恐るるに足りない。式 (4.14) は，波形を時間間隔 Δt で分割したフーリエ変換式 (3.14) と同じことをいっている。同様に，式 (4.15) は逆フーリエ変換の式 (3.54) と同じ意味である。

 X_{-1}, X_{-2}, X_{-3} という負（マイナス）の番号をもった X が現れたが，これはディジタルフーリエ変換を $N=8$ で考えたからであり，2.8節の負の周波数を意味する。一般にディジタルフーリエ変換値の番号 ℓ は，非負の周波数に対応して N の半分までしかありえないことが知られている。N が4なら ℓ は0から2まで，N が8なら ℓ は0から4までありうる。

4.2 好みの音を創る グラフィック・イコライザ

◆自分好みの音創り

　昨今のカー・オーディオや卓上ステレオなどは，必ずといってよいほど音質の調整ができるようになっている。特に，周波数ごとに調整できる装置はグラフィック・イコライザと呼ばれていて，車の中で聞きやすい音や個人の好みに合わせた音創りを可能にしてくれる。

　そこで，こうしたグラフィック・イコライザのフーリエ変換バージョンを作ってみよう 図4-7 。基本的なしくみは，前述の雑音除去の考え方を拡張するだけ。簡単にできてしまう

第4章 フーリエ変換でこんなことができる！

図4-7 フーリエ変換によるグラフィック・イコライザの簡単なモデル

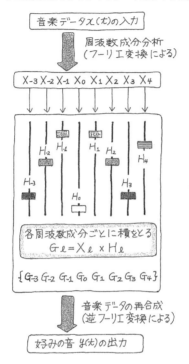

から，まったくもって驚きだ。

図4-7 のツマミの位置に注目。"H_{-1} と H_1" "H_{-2} と H_2" "H_{-3} と H_3" がそれぞれ連動している（同じ位置にある）。

以下に，グラフィック・イコライザの処理手順について，具体的に示そう。

手順1 フーリエ変換による周波数成分の計算

音楽信号 $x(t)$ から,

$$X(f) = \int_{-\infty}^{\infty} x(t) e^{-j2\pi ft} \mathrm{d}t \tag{4.16}$$

に基づいてフーリエ変換をおこなうことにより,周波数成分 $X(f)$ を求める。

手順2 周波数帯域ごとのボリューム調整

周波数成分 $X(f)$ に掛ける係数,すなわち強めたり弱めたりする加減を表す利得を $H(f)$ とするとき,

$$\begin{cases} \text{強めたい周波数 } f \text{ [Hz] に対しては,} \\ \quad H(f) \text{ を1より大きい値} \\ \text{弱めたい周波数 } f \text{ [Hz] に対しては,} \\ \quad H(f) \text{ を1より小さい値} \end{cases} \tag{4.17}$$

に設定し,

$$G(f) = X(f) \times H(f) \tag{4.18}$$

を計算して,好みの音の周波数スペクトル特性 $G(f)$ を作成する。このとき,$H(f)$ が音質を調整するためのパラメータである。

手順3 逆フーリエ変換による時間波形の再合成

手順2 で得られた周波数成分 $G(f)$ をもつ信号から,

$$y(t) = \int_{-\infty}^{\infty} G(f) e^{j2\pi ft} \mathrm{d}f \tag{4.19}$$

に基づいて逆フーリエ変換値を計算することにより,好みの音楽信号 $y(t)$ を再合成する。

第4章 フーリエ変換でこんなことができる！

◆雑音除去と似たやり方

一例を示してみよう。いま、図4-8 に示すCD（コンパクト・ディスク）に録音された音楽データがあり、グラフィック・イコライザで処理して低音を効かせるようにし、シャカシャカという耳障りな高音を少し弱めたい、としよう。そこで、図4-8 の周波数成分を分析して、直流（0 [Hz]）と400 [Hz] の成分は完全に除去し、100 [Hz] の低音成分は2倍に、200 [Hz] の中音成分は1.5倍に、300 [Hz] の高音成分は0.5倍にすることを考えてみた。

手順1 ～ 手順3 に基づき、グラフィック・イコライザを通したあとの信号値を示してみよう。

まず、図4-8 より時間間隔 $\Delta t = 1.25$ [ミリ秒] であり、逆数をとって周波数分解能は $\Delta f = \dfrac{1}{8 \times \Delta t} = \dfrac{1}{0.01} = 100$ [Hz] となる。つまり、8分割した周波数成分について、たとえば X_{-1} は (-100) [Hz]、X_1 は 100 [Hz]、X_2 は 200 [Hz]、

図4-8 CD録音された音楽データ

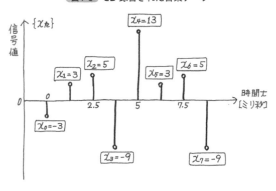

図4-9 グラフィック・イコライザの処理結果

音楽データ $\{x_n\}_{n=0}^{n=7}$	-3	3	5	-9	13	3	5	-9

⬇ 周波数成分分析（フーリエ変換による）

周波数成分 $\{X_\ell\}_{\ell=-3}^{\ell=4}$	-2	$j3$	-2	1	-2	$-j3$	-2	4

⬇ グラフィック・イコライザの利得調整

利得調整後の周波数成分 $\{G_\ell\}_{\ell=-3}^{\ell=4}$	(-2)×0.5	($j3$)×1.5	(-2)×2	1×0	(-2)×2	($-j3$)×1.5	(-2)×0.5	4×0
	-1	$j4.5$	-4	0	-4	$-j4.5$	-1	0

⬇ 音楽データの再合成（逆フーリエ変換による）

好みの音の信号 $\{y_n\}_{n=0}^{n=7}$	-10	4.76	0	-4.76	10	13.24	0	-13.24

X_3 は 300 [Hz]，…となることに注意してもらいたい．

処理プロセスは雑音除去とほぼ同じであり，**手順 2** のフィルタリング係数 $\{H_{-3}, H_{-2}, \cdots, H_0, H_1, \cdots, H_4\}$，すなわち，

$$H_\ell = H(\ell \Delta f) \tag{4.20}$$

を音質調整の利得係数と読み替えることにより，グラフィック・イコライザをフーリエ変換で実現できるのである．ここで，直流成分は完全に 0 にするので $H_0=0$，以下同様に $H_{-1}=H_1=2, H_{-2}=H_2=1.5, H_{-3}=H_3=0.5, H_4=0$ と設定する．

図4-9 に，計算結果を示しておくので，必ず検証してもらいたい．学ぶには，面倒くさがらずに手を動かすことが大事なのですよ，ほんと．

4.3 プッシュホンの電話番号を送出・選択・認識する

◆「ピッポッパッ」は波の重ね合わせだ

みなさんお馴染みのプッシュホンは，それ以前の黒電話の回転ダイヤルと違って，数字ボタンを押すだけでよく，それによって特定の周波数の音（トーン信号という）を発信する。それが交換機を作動させて，通信相手にスムーズに接続されるしくみである。つまり，「ピッポッパッ」という音で電話番号の数字情報を送り出し，受けた側ではその音を分析して数字を認識しているのである 図4-10 。

ここでは，電話番号に対応するトーン信号の送出，認識のしくみを，フーリエ変換，逆フーリエ変換を用いて示し，電話が音でつながる原理を理解してもらうことにする。

図4-10 プッシュホンの数字ボタンと周波数

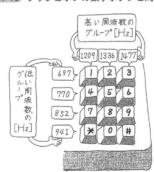

図4-11 数字ボタンと信号波形の対応

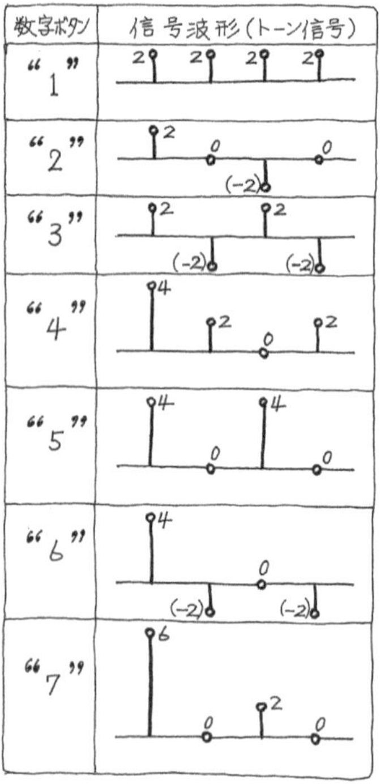

数字ボタン	信号波形（トーン信号）
"1"	2, 2, 2, 2
"2"	2, 0, (-2), 0
"3"	2, (-2), 2, (-2)
"4"	4, 2, 0, 2
"5"	4, 0, 4, 0
"6"	4, 0, (-2), (-2)
"7"	6, 0, 2, 0

　いま，プッシュホンの電話番号の簡易モデルとして，①から⑦までの7種類の数字と，トーン信号波形とを **図4-11** のように対応させることにする．このとき，トーン信号波形を4分割して，式 (4.7) に基づき，フーリエ変換値 $\{X_\ell\}_{\ell=-1}^{\ell=2}$ を求めると，次のようになる．

$$\begin{cases} \boxed{1} \Leftrightarrow & \{X_{-1}=0, X_0=2, X_1=0, X_2=0\} \\ \boxed{2} \Leftrightarrow & \{X_{-1}=1, X_0=0, X_1=1, X_2=0\} \\ \boxed{3} \Leftrightarrow & \{X_{-1}=0, X_0=0, X_1=0, X_2=2\} \\ \boxed{4} \Leftrightarrow & \{X_{-1}=1, X_0=2, X_1=1, X_2=0\} \\ \boxed{5} \Leftrightarrow & \{X_{-1}=0, X_0=2, X_1=0, X_2=2\} \\ \boxed{6} \Leftrightarrow & \{X_{-1}=1, X_0=0, X_1=1, X_2=2\} \\ \boxed{7} \Leftrightarrow & \{X_{-1}=1, X_0=2, X_1=1, X_2=2\} \end{cases} \quad (4.21)$$

式（4.21）に見るように，トーン信号波形に含まれる周波数成分の組み合わせ方によって，7種類の数字が区別できる。ここに，「ピッポッパッ」音による番号識別のアイデアが潜んでいるというわけだ。

ただし，これはあくまで簡易モデルである。実際のトーン信号は少ししくみが違い，⓪, …, ⑨, ＃, ＊という12個のプッシュボタンを表現する必要がある。このため，4種の周波数成分（697 Hz, 770 Hz, 852 Hz, 941 Hz）から1個，3種類の周波数成分（1209 Hz, 1336 Hz, 1477 Hz）から1個を抜き出し，この2つの波の重ね合わせに1個のプッシュボタンを割り当てることで，12個のボタンを表現している 図4-10 。たとえば，数字⑤を押すと，770 Hz と 1336 Hz の正弦波（音信号）を合成したトーン信号が送出されることになる。

以上のことから，トーン信号による電話番号の送出・選択・認識は，逆フーリエ変換そしてフーリエ変換の順に適用して， 図4-12 のように構成すれば実現できることが容易に類推される。

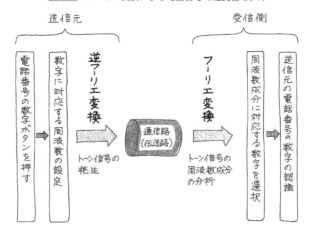

図4-12 フーリエ変換による電話番号の送受信モデル

◆逆フーリエ変換の出番です

いま，図4-12 の電話番号の送受信モデルにおいて，受信側の電話番号が[1][7][5]とするとき，送出されるトーン信号波形 $\{x_k\}_{k=0}^{k=3}$ を求めてみよう。基本的な考え方は，式 (4.8) に基づいて，電話番号に対応する周波数成分 $\{X_\ell\}_{\ell=-1}^{\ell=2}$ を逆フーリエ変換することにより，送出されるトーン信号波形 $\{x_k = x(k\Delta t)\}_{k=0}^{k=3}$ を求めればよい。

たとえば，電話番号の最初の数字が[1]であれば，式 (4.21) より，周波数成分は，

$$\{X_{-1} = 0, X_0 = 2, X_1 = 0, X_2 = 0\}$$

である。これらを逆フーリエ変換の式 (4.8) に代入して得られる次の値（G_ℓ を X_ℓ に，y_k を x_k に読み替えた）が，トーン信号波形を表す。

第4章 フーリエ変換でこんなことができる！

$\{x_0 = 2, x_1 = 2, x_2 = 2, x_3 = 2\}$

ほかも同様にして，以下のように計算される．

$$\begin{cases} 数字\boxed{7} \Leftrightarrow \{X_{-1} = 1, X_0 = 2, X_1 = 1, X_2 = 2\} \\ \qquad\qquad\qquad \Downarrow \\ \qquad \{x_4 = 6, x_5 = 0, x_6 = 2, x_7 = 0\} \end{cases}$$

$$\begin{cases} 数字\boxed{5} \Leftrightarrow \{X_{-1} = 0, X_0 = 2, X_1 = 0, X_2 = 2\} \\ \qquad\qquad\qquad \Downarrow \\ \qquad \{x_8 = 4, x_9 = 0, x_{10} = 4, x_{11} = 0\} \end{cases}$$

◆フーリエ変換の出番です

逆に，受信したトーン信号波形 $\{x_k\}_{k=0}^{k=11}$ が 図4-13 であるとき，送信元の電話番号を求めてみたい．基本的な処理は，まず4分割したトーン信号を式 (4.7) によりフーリエ変換して，周波数成分の組み合わせを調べる．次に，式 (4.21) に基づき，対応する電話番号の数字を確定すればよい．

いま，トーン信号波形の最初の4個の信号値が，

$\{x_0 = 2.4, x_1 = 0.2, x_2 = -1.6, x_3 = 0.2\}$

図4-13 受信側での電話番号の数字ボタンの認識

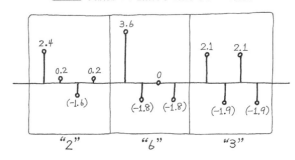

なので，式 (4.7) よりフーリエ変換値は，

$$\{X_{-1} = 1, X_0 = 0.3, X_1 = 1, X_2 = 0.1\}$$

となる。X_0 と X_2 は雑音と考えられるのでゼロとみなせば，最初のトーン信号は式 (4.21) より数字②であることがわかる。

ほかのトーン信号も同様で，以下のように計算される。

$$\begin{cases} \{x_4 = 3.6, x_5 = -1.8, x_6 = 0, x_7 = -1.8\} \\ \quad\quad\quad\quad\Downarrow \\ \{X_{-1} = 0.9, X_0 = 0, X_1 = 0.9, X_2 = 1.8\} \quad \Rightarrow \quad \text{数字⑥} \end{cases}$$

$$\begin{cases} \{x_8 = 2.1, x_9 = -1.9, x_{10} = 2.1, x_{11} = -1.9\} \\ \quad\quad\quad\quad\Downarrow \\ \{X_{-1} = 0, X_0 = 0.1, X_1 = 0, X_2 = 2\} \quad \Rightarrow \quad \text{数字③} \end{cases}$$

このように，電話の途中でたとえ雑音が加わっても，正確に相手の電話機につながるというわけなのだ。

4.4 任意の関数を多項式で近似する

◆純粋数学にも役立つフーリエ変換

これまでは，フーリエ変換の信号処理への適用例をいくつか紹介してきたが，フーリエ変換は信号処理のみにとどまらず，もっといろいろな分野に適用することができる 表4-1 。たとえば数学で，関数の近似に使うこともできるので，一例を挙げておこう。

取り扱う関数は何でもいいのだが，仮に，次のような分数

第4章 フーリエ変換でこんなことができる！

表4-1 フーリエ変換のいろいろな応用例

応用分野	主な内容
線形システム	線形システムの出力のフーリエ変換は，システムの伝達関数と入力信号のフーリエ変換の積で表される
アンテナ工学	アンテナの電磁放射パターンは，アンテナ開口部における電流分布のフーリエ変換で与えられる
光学系システム	集光レンズの焦点面での光の振幅分布がフーリエ変換で与えられる
不規則過程	不規則過程の電力スペクトルは，その過程の自己相関関数のフーリエ変換で与えられる
確率論	不規則（確率）変数の特性関数は，その変数の確率密度関数のフーリエ変換として与えられる
量子物理学	量子論の不確定性原理が，基本的にフーリエ変換に関係している。たとえば，粒子の運動量と存在する位置とは互いにフーリエ変換の関係にある
境界値問題	偏微分方程式の解は，フーリエ変換を用いて算出することもできる

関数 $p(x)$，すなわち，

$$p(x) = \frac{15}{2-x} \tag{4.22}$$

を，多項式で近似すること（**多項式近似**）を考えてみよう。

たとえば，

$$p(x) \cong a_0 + a_1 x + a_2 x^2 + a_3 x^3 \tag{4.23}$$

という4項からなる3次関数で，できるだけ式（4.22）に近いものを作りたいとする。

まず準備として，変数 x に $(e^{-j\frac{2\pi}{4}})^{-1} = (-j)^{-1} = j$, $(e^{-j\frac{2\pi}{4}})^0 = e^0 = 1$, $e^{-j\frac{2\pi}{4}} = -j$, $(e^{-j\frac{2\pi}{4}})^2 = (-j)^2 = -1$ の4つの値を次々に代入したとき，式（4.23）のそれぞれの関数値は以下のように表される。

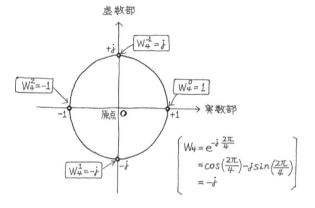

図4-14 回転因子 $\{W_4^k\}_{k=-1}^{k=2}$

$$\begin{cases} p(j) = a_0+ja_1-a_2-ja_3 \\ p(1) = a_0+a_1+a_2+a_3 \\ p(-j) = a_0-ja_1-a_2+ja_3 \\ p(-1) = a_0-a_1+a_2-a_3 \end{cases} \quad (4.24)$$

なお，x に代入した4つの値 $j, 1, -j, -1$ は，図4-14 に示すように，複素平面上の半径1の単位円周を $N=4$ 等分した点である。ここで，式 (4.24) は，

$$\begin{cases} p(j) = \dfrac{1}{4}[4a_0+j4a_1-4a_2-j4a_3] \\ p(1) = \dfrac{1}{4}[4a_0+4a_1+4a_2+4a_3] \\ p(-j) = \dfrac{1}{4}[4a_0-j4a_1-4a_2+j4a_3] \\ p(-1) = \dfrac{1}{4}[4a_0-4a_1+4a_2-4a_3] \end{cases} \quad (4.25)$$

第4章 フーリエ変換でこんなことができる！

とも表される。

また，$x=j, 1, -j, -1$ を最初の式 (4.22) に代入することで，$p(j), p(1), p(-j), p(-1)$ のもとの分数関数の値が次のように得られる。

$$\begin{cases} p(1) = \dfrac{15}{2-1} = 15 \\ p(-j) = \dfrac{15}{2-(-j)} = \dfrac{15}{2+j} = \dfrac{15(2-j)}{(2+j)(2-j)} \\ \qquad\quad = \dfrac{15(2-j)}{5} = 6-j3 \\ p(-1) = \dfrac{15}{2-(-1)} = 5 \\ p(j) = \dfrac{15}{2-j} = \dfrac{15(2+j)}{(2-j)(2+j)} = \dfrac{15(2+j)}{5} = 6+j3 \end{cases}$$
(4.26)

ところで式 (4.25) は，式 (3.24) のフーリエ変換値と見比べてみて，

$$p(j) = X_{-1}, p(1) = X_0, p(-j) = X_1, p(-1) = X_2$$
(4.27)

$$4a_0 = x(0), 4a_1 = x(\Delta t), 4a_2 = x(2\Delta t), 4a_3 = x(3\Delta t)$$
(4.28)

と対応づけることができる。

よって，式 (3.57) の逆フーリエ変換に基づき，

$$\begin{cases} 4a_0 = p(j) + p(1) + p(-j) + p(-1) \\ 4a_1 = -jp(j) + p(1) + jp(-j) - p(-1) \\ 4a_2 = -p(j) + p(1) - p(-j) + p(-1) \\ 4a_3 = jp(j) + p(1) - jp(-j) - p(-1) \end{cases}$$
(4.29)

という関係が得られ，近似多項式 (4.23) の各項の係数 $\{a_0,$

$a_1, a_2, a_3\}$ は,式(4.25)の逆フーリエ変換として,

$$\begin{cases} a_0 = \dfrac{1}{4}[p(j)+p(1)+p(-j)+p(-1)] \\ a_1 = \dfrac{1}{4}[-jp(j)+p(1)+jp(-j)-p(-1)] \\ a_2 = \dfrac{1}{4}[-p(j)+p(1)-p(-j)+p(-1)] \\ a_3 = \dfrac{1}{4}[jp(j)+p(1)-jp(-j)-p(-1)] \end{cases} \quad (4.30)$$

で算出できる。式 (4.26) の値を式 (4.30) に代入して,逆フーリエ変換値の $\dfrac{1}{4}$ 倍したものを計算すると,

$$\begin{cases} a_0 = \dfrac{1}{4}[(6+j3)+15+(6-j3)+5] = 8 \\ a_1 = \dfrac{1}{4}[-j(6+j3)+15+j(6-j3)-5] = 4 \\ a_2 = \dfrac{1}{4}[-(6+j3)+15-(6-j3)+5] = 2 \\ a_3 = \dfrac{1}{4}[j(6+j3)+15-j(6-j3)-5] = 1 \end{cases} \quad (4.31)$$

となる。

こうして求めた係数 (4.31) を展開式 (4.23) に代入してみると,もとの関数 (4.22) は最終的に,

$$p(x) = 8+4x+2x^2+x^3 \quad (4.32)$$

という多項式で近似されることになるわけだ。

◆近似の精度を確かめてみよう

この近似多項式 (4.32) は,どれくらい精度がよいのだろ

うか? 確かめてみよう。

もしも，多項式の項の数を無限に増やして近似すれば，近似の精度は無限によくなり，ついにはもとの関数に完全に一致するはずだ。そこで，多項式の項の数を無限に増やした**べき級数**というものが数学では考えられている。つまり，多項式を，

$$a_0 + a_1 x + a_2 x^2 + a_3 x^3 + a_4 x^4 + \cdots + a_n x^n + \cdots$$

というふうに無限に伸ばしたものをべき級数と呼ぶのだ（無限に伸ばすと，多項式とは呼ばれなくなる）。そして，もとの関数をべき級数で表現することを，**べき級数展開**という。

近似多項式は近似にすぎない（あくまで有限項なので）のだが，べき級数展開は無限の項をもつので，もとの関数に完全に一致させることができる。

べき級数展開でもっともよく用いられるのは，

$$p(x) = p(0) + p^{(1)}(0)x + \frac{1}{2!}p^{(2)}(0)x^2 + \frac{1}{3!}p^{(3)}(0)x^3 + \cdots$$

(4.33)

という形のもので，これは**マクローリン展開**と呼ばれている。ここで，$p^{(k)}(0)$ は関数 $p(x)$ の $x=0$ における k 階微分係数で，$k!$ は k の階乗といい，$k \times (k-1) \times (k-2) \times \cdots \times 2 \times 1$ を表す。

式（4.22）の関数についての k 階導関数 $p^{(k)}(x)$ は，$k=1, 2, 3$ に対してそれぞれ，

$$\begin{cases} p^{(1)}(x) = \dfrac{15}{(2-x)^2}, \\ p^{(2)}(x) = \dfrac{30}{(2-x)^3}, \\ p^{(3)}(x) = \dfrac{90}{(2-x)^4} \end{cases} \quad (4.34)$$

となるから,$x=0$ における k 階微分係数は,

$$p^{(1)}(0) = \frac{15}{4}, p^{(2)}(0) = \frac{15}{4}, p^{(3)}(0) = \frac{45}{8} \quad (4.35)$$

であることがわかる。また,$x=0$ を式 (4.22) に代入すると $p(0) = \dfrac{15}{2}$ であり,式 (4.35) とあわせて式 (4.33) に代入すれば,べき級数展開の理論式として,

$$\begin{aligned} p(x) &= \frac{15}{2} + \frac{15}{4}x + \frac{15}{8}x^2 + \frac{15}{16}x^3 + \cdots \\ &= 7.5 + 3.75x + 1.875x^2 + 0.9375x^3 + \cdots \end{aligned} \quad (4.36)$$

が得られる。

さて,式 (4.30) の逆フーリエ変換値から算出した近似式 (4.32) と式 (4.36) とを比較してみよう。分割数 N が 4 個とかなり少ないにもかかわらず,多項式 (4.32) は厳密なべき級数 (4.36) にまあまあの精度で近似できていることがわかる。もちろん,近似の精度は関数の性質に大きく依存することを付記しておきたい。

第4章 フーリエ変換でこんなことができる！

\ナットク/の例題 4-2

指数関数 $p(x)=e^x$ を第4項（x^3 の項）までの多項式で近似したい。4等分による逆フーリエ変換の計算式を利用して，近似式を作ってみよう。

答えはこちら

まず，厳密なほうのべき級数展開（マクローリン展開）を求めておこう。この指数関数は何回微分しても常に $p^{(k)}(x)=e^x$ となることを考慮して，

$$\begin{cases} p(0) = e^0 = 1 \\ p^{(k)}(0) = e^0 = 1 \quad ; k = 1, 2, 3, \cdots \end{cases} \tag{4.37}$$

となる。よって，指数関数のべき級数は式（4.33）より，

$$p(x) = 1 + x + \frac{1}{2}x^2 + \frac{1}{6}x^3 + \cdots \tag{4.38}$$

で与えられる。

一方，$p(j), p(1), p(-j), p(-1)$ は，それぞれ $p(x)=e^x$ に $x=j, 1, (-j), (-1)$ を代入することで求められる。

$$\begin{cases} p(j) = e^j = \cos(1) + j\sin(1) = 0.5403 + j0.8414 \\ p(1) = e^1 = 2.7182 \\ p(-j) = e^{-j} = \cos(1) - j\sin(1) \\ \quad\quad\quad = 0.5403 - j0.8414 \\ p(-1) = e^{-1} = 0.3678 \end{cases} \tag{4.39}$$

式（4.39）で算出した値を式（4.30）に代入して逆フーリエ変換値を計算すると，

$$a_0 = 1.04165, a_1 = 1.0083, a_2 = 0.50135, a_3 = 0.1669 \tag{4.40}$$

と求まり，

$$p(x) = 1.04165 + 1.0083x + 0.50135x^2 + 0.1669x^3 \tag{4.41}$$

と近似される。

式（4.38）の展開係数の理論値とほぼ同じ数値が得られており，フーリエ変換を利用した近似の妥当性が理解される。もちろん，さらに近似精度を上げるには分割数を増やせばよい。

第 5 章

周波数スペクトルのすべてがフーリエ変換でわかる！

フーリエ変換はスペクトル解析の王様

私たちの身のまわりには、信号が満ちあふれている。たとえば、音声だって信号だし、心電図などの生体信号、レーダなどの人工的な信号もあるし、社会・経済データ、環境データも、ある種の信号と考えられるし……。筆者自身が信号解析の一研究者だからというひいき目もあるものの、こうしたさまざまな信号の特徴や性質を明らかにすることの重要性を、ここまで筆者は盛んに述べてきたわけである。

　第1章以来、多様な現象について周波数スペクトル（つまり周波数の混ざり具合）を調べてきた。一見ややこしそうな信号波も、いろいろな周波数をもつ単純な cos 波に分解し、どんな波がどのような割合で混ざっているかを明らかにすることができる。そしてその結果から、「もとの信号がどのように発生したか」、「どのような経路をたどり、外部からどのような影響を受けたか」などの情報が得られるのである。

　それを実現すべく八面六臂（はちめんろっぴ）の活躍をしてきた計算手法が、何を隠そうフーリエ変換だった。フーリエ変換を利用して周波数スペクトルを調べるこうした手法は、フーリエ変換通（つう）の間では**スペクトル解析**と呼ばれ、広く役立てられている。

5.1
これがスペクトル解析だ

◆これまでの話とのつながり

　第1〜4章でも、周波数スペクトルを調べるということは

行ってきたので，前章までの話も，一種のスペクトル解析であることには違いはない。しかし，それはフーリエ変換のあの積分式，

$$X(f) = \int_{-\infty}^{\infty} x(t)e^{-j2\pi ft} dt \tag{5.1}$$

をいったん記憶の底へ追いやって，この式を近似してごく簡単な四則演算ですべてを片づけてしまいましょう……という筋書きだったことを思い出してほしい。

その結果，信号成分となるcos波は，必ず「ある特定の周波数の波（**基本波**）とその整数倍の周波数の波（**高調波**）」に限られてしまうのだった。これでは，フーリエ変換という高嶺をちょうど五合目まで登ったようなものである。

もちろん，いままでのお話だってたいへんに実用的で，実社会では大いに —— とりわけ，大量の計算を高速で実行できるコンピュータなどに —— 応用されていることは付け加えておきたい。

ふつう，スペクトル解析というのは，「ある特定の周波数」などとけちなことをいわず，ゼロから無限大までのあらゆる周波数のcos波を信号成分と考えて分解し，その無限個の成分波の混ざり具合を調べようという，まことに気宇壮大な営みを指すのである。幸か不幸か，こういうふうに話が大がかりになると，あの嫌（？）な積分式 (5.1) とも，少しばかりお付き合いをせざるをえなくなってくる……。

と，読者のみなさんを脅すのも気が引ける。まずは，スペクトル解析がどういう役に立っているかの紹介から始めよう。

◆スペクトル解析と「スペアナ」

　たとえば，私たちは「コケコッコー」，「カーカー」，「ヒヒーン」などの動物の鳴き声を聞けば，どの鳴き声が何という動物のものか，すぐにわかる。鳴き声という時間的な信号の特徴を音色の違いで聞き分け，動物の種類を推定できるというわけである。

　また，「昔々，ある所にお爺さんとお婆さんが住んでおった。お爺さんは山へ柴刈りに，お婆さんは川へ洗濯に……」と，昔話『桃太郎』を朗読する声を聞くと，私たちはその声が男性のものか女性のものかを区別できるのはもちろん，聞き慣れた声であればだれのものかを特定することだって，ある程度は可能である。こうした芸当ができるのは，もちろん人の声色に大きな個人差があるからだが，話し声に含まれる周波数成分の混ざり具合が人によって異なるために，その差が生まれているのだ。

 逆に，声色をまねる声帯模写を得意とする芸人さんは，周波数成分を合成して，もとの声を作り出す名人といえるだろう。

　さらに，ピアノ，トランペットやバイオリンなどの楽器の音色もさまざまであるが，これらの音色の違いも，楽器音に含まれる周波数スペクトルの違いによって生じている。

　私たちは無意識のうちに，声や楽器の音に含まれている周波数の分析を実行し，いろいろな周波数の混ざり具合を調べているのである。この分析を可能とする手法が，スペクトル解析にほかならない。

第5章 周波数スペクトルのすべてがフーリエ変換でわかる！

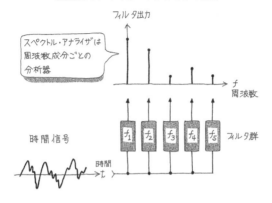

図5-1 スペクトル・アナライザの原理

このような周波数成分の混ざり具合をビジュアル化するための機器として、「スペアナ」（スペクトル・アナライザの略）が用いられている。スペクトル・アナライザという英語は、日本語に訳せば「スペクトル解析を行うもの」という意味だ。その原理を担うものこそ、フーリエ変換である 図5-1 。

◆ステレオ・アンプの周波数スペクトル特性

たとえば音響機器メーカーが出しているステレオ・アンプ（アンプは amplifier の略。信号増幅器の意）のカタログを見ているときに、 図5-2 に示すようなグラフに出会い、はて、これはどんな意味なのか、と疑問をもたれた人も多いのではないだろうか。実は、このグラフは「アンプの周波数スペクトル特性」（あるいは単に「周波数特性」）と呼ばれるもので、**ある周波数の cos 波をアンプに入力したときに、どのくらいの効率で増幅できるのかという性能を示す**。

望ましい周波数特性を有する高性能なアンプというのは、

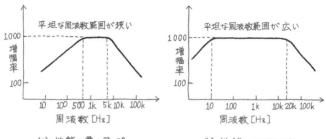

図5-2 アンプの周波数（スペクトル）特性

(a) 性能の悪いアンプ　　(b) 性能のよいアンプ

できるだけ「人間の耳に聞こえる範囲の周波数のcos波をすべて同じ倍率で増幅できる」ものだ（人間の耳に聞こえる範囲の周波数は数十 [Hz]〜20 [kHz] で，これを可聴周波数という）。したがって，図5-2(a) は性能の悪いアンプ，図5-2(b) は性能のよいアンプということになる。

というのは，図5-2(a) に示した特性では，500 [Hz]〜5 [kHz] の周波数の信号に対して増幅（倍）率は1000で，ほぼ一定である。この1000という増幅率は，このアンプにたとえば 1 [mV]（＝0.001 [V]）のcos波を入力すると，1000倍に増幅されて 1 [V] のcos波が出力されることを意味する。しかし，500 [Hz] 以下，または 5 [kHz] 以上の周波数のcos波に対しては増幅率が小さくなる。つまり，低音と高音の出力が弱く，アンプの性能が悪くなってしまう。

一方，図5-2(b) に示した周波数特性では，10 [Hz]〜20 [kHz] の周波数の信号に対して増幅率が1000で，一定である。つまり，人間の可聴周波数の信号に対して均一な周波数特性があり，入力されたcos波をバランスよく増幅してくれ

第5章 周波数スペクトルのすべてがフーリエ変換でわかる！

図5-3 周波数（スペクトル）特性の測定

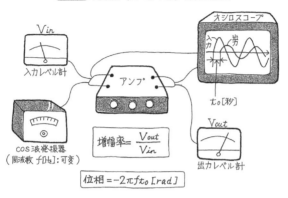

る。すなわち，望ましいアンプの周波数スペクトル特性をもっていることがわかる。

このようなアンプの周波数スペクトル特性のグラフを作成するには，次のようにすればよい（**図5-3**も参照）。

① いろいろな周波数のcos波を発生する発振器を用意する。
② ある単一周波数 f [Hz] のcos波をアンプに入力し，アンプからの出力電圧を測定する。
③ 横軸に発振器の周波数，縦軸に増幅率（入力信号に対する出力信号の比）をとり，周波数 f [Hz] を変えて増幅率をプロットする。

5.2
信号波形と周波数スペクトル

◆すべての信号はcos波に通ず

　前節では，アンプの周波数スペクトル特性について説明した。また，各周波数に対する増幅率を測定するために，いろいろな単一周波数のcos波をアンプに印加して，出力電圧と入力電圧の比を計算するという原理的な方法を紹介した。

　とはいえ，単一周波数だけの（理科室にある音叉のような）味気ない音をステレオで聞く機会はありそうにもない。ふつう，歌謡曲やクラシックなどほとんどの音楽は，いろいろな周波数が混ざり合った信号から成り立っている。そうなると，単一周波数のcos波でアンプの性能を測定するなど，荒唐無稽なことではないかという疑問が湧いてくるだろう。

　ところが，これが荒唐無稽ではないのだ。どんな信号波形も，せんじつめれば直流信号と，さまざまな周波数をもつcos波信号の寄せ集めになるからである。すなわち，

　　（任意の信号波形）＝
　　　（直流⓪）＋（cos波①）＋（cos波②）＋（cos波③）＋…
　　　　　　　　　　　　　　　　　　　　　　　　　　(5.2)

が成り立つのだ。「すべての道はローマに通ず」ではないが，まさに「すべての信号はcos波に通ず」といってもいい。

　この便利な性質は，実は**第1章**から大いに利用してきた「任意の信号波形を，直流とcos波との重ね合わせとして理

解する」ということにほかならない。違うのは，式に「…」が入っていることだ。

「…」とは，「以下無限に続く」という意味の数学記号である。**第4章**までは，与えられた有限個のデータ点から有限個の cos 波を割り出すディジタルフーリエ変換だけを考えていたが，この章では，データ点と cos 波の数を無限個に拡張しようという魂胆だ。こうなると周波数スペクトルは，もはやいままでのような $\{X_\ell\}_{\ell=-1}^{\ell=2}$ といったとびとびの数列 X_ℓ ではなく，$X(f)$ という，連続的な周波数の関数 $X(f)$ になる。このような連続的な流儀のフーリエ変換を，ディジタルフーリエ変換と対比して，特に**アナログフーリエ変換**という。

◆方形波を作ってみよう

そんなものを考えて何の役に立つのだろうか？ アンプの例でいえば，周波数スペクトルの違いによって音色の異なるさまざまな楽器の音を，無限個の cos 波を重ね合わせることで作成できるのである。一例として，方形波を合成することを考えてみよう 図5-4 。

 蛇足ながら，昔のゲーム機が鳴らしていた音楽の「ピコピコ」といった感じの音色が，この方形波で表される音だ。生の楽器の音にはほど遠いものの，方形波を作ることは音声合成の第一歩といっていいだろう。

cos 波のような曲線から，このような直線的な波が作れるというのはいささか不思議に思われるかもしれないが，本当に合成できることを式 (5.1) に基づいて確かめてみたい。まず，

205

図5-4 cos 波を重ね合わせて方形波を作る

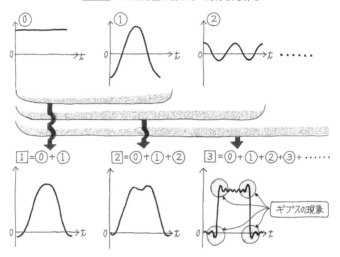

　図5-4 の直流⓪と，周波数の低い cos 波①を加算すると，信号波形①となる。さらに，①よりも周波数が高くて振幅が小さい cos 波②を加えると，信号波形②が得られる。同じようにして複数の周波数の cos 波を加算していくと，信号波形③が合成され，これは方形波にかなり近いものになっている。

　数学的には証明が必要だが，論より証拠で図を見れば，式(5.2)はどうやら正しいようである。方形波のように滑らかでなく，立ち上がりや立ち下がりの不連続点を含むような信号であっても再現できるというので，たくさん集めた cos 波というのは実に頼りがいのあるものだ。

 図5-4 では，不連続点の付近で上下にでっぱりが残っている（**ギブスの現象**という）のがいささか気がかりではあるが，気

第5章 周波数スペクトルのすべてがフーリエ変換でわかる！

にしないほうがよい。cos波の個数を無限個にした極限では，上下ので･っ･ぱ･りが同じ大きさに落ち着いて，差し引きゼロになるからだ。

5.3 信号相関と周波数スペクトル

◆相関関数でデータの関係を知ろう

たくさんのcos波を重ね合わせると，任意の波形を合成できることはわかった。しかし，私たちが本当に知りたいのは，「ある波形を合成するためには，その周波数スペクトルに基づいてどれくらいの割合でcos波を重ね合わせればいいのか」ということだ。cos波の割合を求める計算手段が，フーリエ変換なのである。

そこで，まずは統計的なデータ処理に用いられる「相関」という概念の説明をお聞きいただきたい。一見何の関係もなさそうに思えるが，実はフーリエ変換は，ある関数とcos（あるいはsin）関数との相関の程度を示す相関関数そのものなのである。

たとえば，P市とQ市の気温をそれぞれ x [℃], y [℃] とし，図5-5のように，同時に測定された x と y の値が xy 平面上の点として与えられるものとしよう。図5-5(a)の場合は x と y の間に弱い相関があることがわかり，図5-5(b)では x と y の間に強い相関がある（傾きが $+1$ の直線上に点が存在

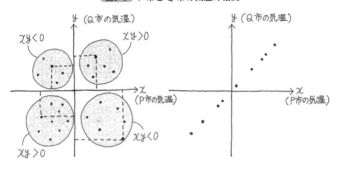

図5-5 P市とQ市の気温の相関

(a) 弱い相関　　　(b) 強い相関

する）ことを示している。

これを定量的に表現するときには，よく知られているように，各点の x_k と y_k の積の総和を表す，

$$\sum_{k=1}^{K} x_k y_k \tag{5.3}$$

の値に注目する。たとえば点が第1，第3象限にあると x_k と y_k の積は正であり，第2，第4象限にあると負である。もし点が xy 平面上に一様に散らばっていて，x_k と y_k の積が正になったり負になったりすると，式 (5.3) の値は小さくなって，（x と y の間の）相関が弱いことを意味する。また，積 $x_k y_k$ が常に正であれば（x と y には）**正の相関**があり，負のときは**負の相関**があると考えられる。

したがって，上の式 (5.3) で表される各点に関する積の総和によって，x と y の間の相関の強さを推定することができるわけだ。

第5章　周波数スペクトルのすべてがフーリエ変換でわかる！

 ただし，式 (5.3) のままでは，点の数が増加すると大きな値になるので，正規化（総和が1になるように調整）する必要がある。ふつうは，

$$\frac{\sum_{k=1}^{K} x_k y_k}{\sqrt{\sum_{k=1}^{K} x_k{}^2}\sqrt{\sum_{k=1}^{K} y_k{}^2}} \tag{5.4}$$

で相関係数を定義する。

　ここで，もしも2地点における気温のデータが，x_k, y_k というとびとびのデータ点ではなく，時間 t [秒] に関する連続的な関数 $x(t), y(t)$ で表現できるとしたら，相関関数はどうなるだろうか。データを取得した時間範囲を T_0 [秒] とすれば，その範囲内での $x(t)$ と $y(t)$ の積分を考え，T_0 [秒] で（割って）正規化すると，

$$\frac{1}{T_0}\int_{-T_0/2}^{T_0/2} x(t)y(t)\mathrm{d}t \tag{5.5}$$

を得る。総和（$\sum$）が積分（$\int$）に置き換わっているのは，x と y が連続的に変化するからにすぎない。さらに，式 (5.5) において T_0 を無限大にしたとき，

$$\int_{-\infty}^{\infty} x(t)y(t)\mathrm{d}t \tag{5.6}$$

で表される積分値が改めて相関の強弱の程度を表す量と考え，これを**相関関数**と呼ぶことにしよう。

◆相関でわかる「関数波形の類似性」

　前項で示した相関関数の計算がフーリエ変換と何の関係があるのか，すぐにはピンとこないかもしれない。しかし，周

波数スペクトルを求めたかったにもかかわらず，しばらく相関関数の話に脱線してしまったのにはわけがある．誤解を恐れず端的にいえば，式 (5.6) の積分は，$x(t)$ と $y(t)$ という2つの関数の波形がどれだけ似ているかを求める計算だからだ．

たとえば，仮に P 市の気温が 1℃の日は Q 市の気温も 1℃，P 市で −1℃の日は Q 市も −1℃，……というように，x と y の値が時間の各点で完全に一致していれば，x と y の相関は最大になるはずだ．式 (5.6) の積分もこれと同様で，$x(t)$ と $y(t)$ が似た波形であればあるほど，式 (5.6) で表される相関関数の値は大きくなるのである．

$x(t)$ がある任意の信号波形であるとし，$y(t)$ が周波数 f [Hz] の cos 波，すなわち，

$$y(t) = \cos(2\pi ft)$$

であるとおいてみよう．そして周波数スペクトルとは，"それぞれの周波数をもつ成分波の混合比率"だったことを思い出してほしい．混合比率を求めるには，ある周波数をもつ cos 波が，もとの任意波形 $x(t)$ にどれだけ似ているか——つまり，どれだけの相関があるか——をすべての周波数 f [Hz] にわたって求めればよいのである．

すると，式 (5.6) は，

$$C(f) = \int_{-\infty}^{\infty} x(t) \cos(2\pi ft) dt \tag{5.7}$$

となる．同様に，$\sin(2\pi ft)$ との相関を求めるためには，$y(t) = \sin(2\pi ft)$ として，

$$S(f) = \int_{-\infty}^{\infty} x(t) \sin(2\pi ft) dt \tag{5.8}$$

の積分を実行すればよい．そして，ここに現れた $C(f)$ や

第 5 章 周波数スペクトルのすべてがフーリエ変換でわかる！

$S(f)$ が，**周波数スペクトル**にほかならない。もとの任意波形 $x(t)$ に似かよった cos 波や sin 波ほど，混合比率は高くなるべきだからである。

＼ナットク／の例題 5-1

図5-6 のパルス波形の周波数スペクトル $C(f), S(f)$ を求めよ。

図5-6 パルス波形

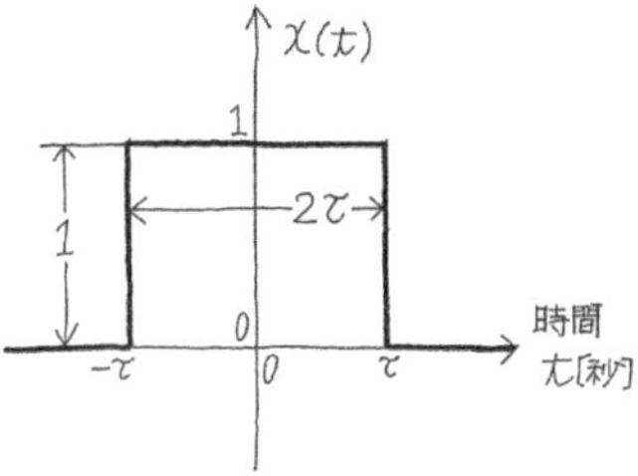

> **答えはこちら**

まず，**図5-6** のパルス波形と $\cos(2\pi ft)$ の相関関数，すなわち周波数スペクトル $C(f)$ は，

$$
\begin{aligned}
C(f) &= \int_{-\tau}^{\tau} 1 \cdot \cos(2\pi ft)\,\mathrm{d}t \\
&= \left[\frac{\sin(2\pi ft)}{2\pi f}\right]_{t=-\tau}^{t=\tau} \\
&= \frac{1}{2\pi f}\{\sin(2\pi f\tau) + \sin(2\pi f\tau)\} \\
&= \frac{2\sin(2\pi f\tau)}{2\pi f} = 2\tau \cdot \frac{\sin(2\pi f\tau)}{2\pi f\tau}
\end{aligned}
\tag{5.9}
$$

となる。

また，**図5-6** のパルス波形と $\sin(2\pi ft)$ の相関関数，すなわち周波数スペクトル $S(f)$ は，

$$
S(f) = \int_{-\tau}^{\tau} 1 \cdot \sin(2\pi ft)\,\mathrm{d}t = \left[\frac{-\cos(2\pi ft)}{2\pi f}\right]_{t=-\tau}^{t=\tau}
$$

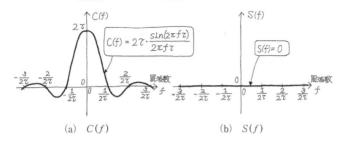

図5-7 パルス波形 **図5-6** の周波数スペクトル

(a) $C(f)$ (b) $S(f)$

$$= \frac{1}{2\pi f}\{-\cos(2\pi f\tau) + \cos(2\pi f\tau)\} = 0 \quad (5.10)$$

となる。

よって，**図5-6** のパルス波形の周波数スペクトル $C(f), S(f)$ はそれぞれ **図5-7(a)(b)** のようになる。

◆フーリエ変換への道

次に，**図5-8** のような信号波形について周波数スペクトル $C(f), S(f)$ を計算すると，次のようになる。

$$C(f) = 2\tau \cdot \frac{\sin(2\pi f\tau) \cdot \cos(2\pi f\tau)}{2\pi f\tau} \quad (5.11)$$

$$S(f) = 2\tau \cdot \frac{\{\sin(2\pi f\tau)\}^2}{2\pi f\tau} \quad (5.12)$$

ところで **図5-8** の信号波形は，**図5-6** のパルス波形を τ [秒] 遅らせたものに等しい。波形が同じなのに，現れる時刻が違うと周波数スペクトルが違ってしまうのは，不自然な表し方といえよう。そこで，一般には $C(f)$ と $S(f)$ から，虚数単位 j を用いて，

第5章 周波数スペクトルのすべてがフーリエ変換でわかる！

図5-8 τ［秒］遅らせた信号波形

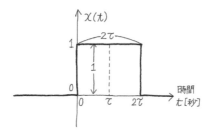

$$X(f) = C(f) - jS(f) \tag{5.13}$$

と表される複素表示の周波数スペクトル $X(f)$ を定義して，この不自然さを解消している．

このとき，変動成分の大きさ（振幅）を見るため，周波数スペクトル $X(f)$ を絶対値をとると，絶対値 $|X(f)|$ は，$C(f)$ と $S(f)$ をそれぞれ2乗した値の和の平方根として，

$$|X(f)| = \sqrt{\{C(f)\}^2 + \{S(f)\}^2} \tag{5.14}$$

と表され，**振幅スペクトル**と呼ばれる．図5-8 の例では，式 (5.11) と式 (5.12) を式 (5.14) に代入して計算すると，

$$|X(f)| = \sqrt{(2\tau)^2 \cdot \frac{\sin^2(2\pi f\tau)}{(2\pi f\tau)^2} \cdot \underbrace{\{\cos^2(2\pi f\tau) + \sin^2(2\pi f\tau)\}}_{1}}$$

$$= \sqrt{(2\tau)^2 \cdot \frac{\sin^2(2\pi f\tau)}{(2\pi f\tau)^2}} = 2\tau \cdot \frac{|\sin(2\pi f\tau)|}{2\pi f\tau} \tag{5.15}$$

となる．同様に，式 (5.9) と式 (5.10) を式 (5.14) に代入して計算すると，

$$|X(f)| = \sqrt{(2\tau)^2 \cdot \frac{\sin^2(2\pi f\tau)}{(2\pi f\tau)^2} + 0^2}$$

$$= 2\tau \cdot \frac{|\sin(2\pi f\tau)|}{2\pi f\tau} \tag{5.16}$$

となり,式 (5.15) に一致する。こうして,パルス波形が現れる時刻に依存しないスペクトル表現の妥当性が理解される。

さらに,式 (5.7) と式 (5.8) を式 (5.13) に代入してオイラーの公式を適用すれば,複素表示の周波数スペクトル $X(f)$ は,

$$X(f) = \int_{-\infty}^{\infty} x(t) \cos(2\pi ft) dt - j\int_{-\infty}^{\infty} x(t) \sin(2\pi ft) dt$$

$$= \int_{-\infty}^{\infty} x(t) \{\cos(2\pi ft) - j \sin(2\pi ft)\} dt$$

$$= \int_{-\infty}^{\infty} x(t) e^{-j2\pi ft} dt \qquad (5.17)$$

と書き直される。どこかで見たことのある式 (5.17) は,まさしくフーリエ変換そのものであることにドキッとする。これこそ,フーリエ変換(アナログフーリエ変換)の定義式にほかならないのだ。

このフーリエ変換 $X(f)$ は,信号波形 $x(t)$ に対する $\cos(2\pi ft)$ と $\sin(2\pi ft)$ の 2 つの関数の相関を同時に表しており,しかも複素指数 $e^{-j2\pi ft}$ を使うことで,演算に非常に便利な形になっている。

サンプリング関数 sinc (x)

ところで,式 (5.9) や式 (5.12) などに,

$$\frac{\sin(2\pi f\tau)}{2\pi f\tau}$$

という形の項が何度か現れた。変数を改めて $x = 2\pi f\tau$ とおけば,これは,

図5-9 サンプリング関数 sinc (x)

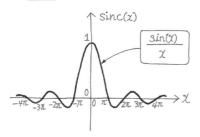

$$\frac{\sin x}{x} \tag{5.18}$$

と表すことができる。実は，この関数 $\frac{\sin x}{x}$ は**サンプリング関数**
（標本化関数）という名前までついた重要な関数である。もしサンプリング関数を知らないと，信号業界ではもぐりとあだ名されることになる。サンプリング関数はふつう，記号 sinc (x) を使って，

$$\text{sinc}\,(x) = \frac{\sin x}{x} \tag{5.19}$$

と表す。

 関数 sinc (x) の大まかな形を **図5-9** に示しておいた。これを見ると，関数 sinc (x) が 0 となる（x 軸と交差する）点は，等間隔に並んでいることがわかる。sinc (x) が 0 となるのは，式 (5.19) の右辺の分子（$=\sin x$）が 0 になる点なので，その x の値は，

 $x = n\pi$ ； $n \neq 0$ で整数

である。つまり，$x = 2\pi f\tau$ を代入してもとの変数 f を戻せば，

$$2\pi f\tau = n\pi \quad \rightarrow \quad f = n \cdot \frac{1}{2\tau} \quad ;n \neq 0 \text{ で整数} \tag{5.20}$$

の点，すなわち周波数 f がちょうど $1/2\tau$ ごとに 0 となる。

 なお，式 (5.18) に $x=0$ を代入すると，分子と分母がいずれも 0 になり，"ゼロ分のゼロ"の形が出てきてしまう。これは一見，**図5-9** のグラフが $x=0$ で 1 の値をとっていることと矛盾しそうだが，幸いなことに，

$$\lim_{x \to 0} \frac{\sin x}{x} = 1 \tag{5.21}$$

という事実が知られており，sinc (0) の値はちょうど 1 になってくれるのだ。このことは（本書は解析学の教科書ではないので深入りはしないが）数学者たちの古くからの努力により，「はさみうちの定理」や「ロピタルの定理」を使って厳密に証明されている。

◆連続的なスペクトルはプリズムで作れる

物理の分野では，さまざまな周波数成分の合成によって多様な現象が形作られている。上の周波数スペクトル $X(f)$ というのがどんなものなのかを直感的にとらえる一例として，プリズムを取り上げてみよう。

> このプリズムは，電気回路でいうフィルタに相当する。回路の好きな人はフィルタで考えたほうがわかりやすいかもしれない。

光（可視光）は，プリズムに通すと，波長による屈折率の違いから，七色のきれいな色の模様（周波数スペクトル）が浮かび出てくることはみなさんもご存じであろう 図5-10 。プリズムは光を周波数ごとのスペクトルに分解する道具であり，フーリエ変換の働きを光学的に実現したものといえる。つまり，光の周波数成分（光の色に相当）を，直接目で見ることを可能にする装置というわけだ。光の波の形が $x(t)$ で，それに含まれている成分波の強さの周波数ごとの比率 $X(f)$ が，七色の模様として現れているわけだ。

第5章 周波数スペクトルのすべてがフーリエ変換でわかる！

図5-10 光のスペクトル分解と周波数

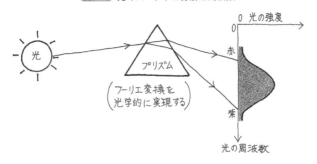

5.4 代表的な波形の周波数スペクトル

◆数式は便利な道具

　回路でも音響でもプリズムのような光学装置でもそうだが，システムの解析・設計に先立って，入力される信号や出力される信号がどのような周波数スペクトルをもっているのかを，あらかじめ知っておきたい。振幅 $|X(f)|$ だけ求まれば十分な場合もある（音のスペクトルはだいたいそうだ）が，より一般には，信号の周波数スペクトル $X(f)$ の実数部 $R(f)=\Re\mathrm{e}\{X(f)\}$ と虚数部 $S(f)=-\Im\mathrm{m}\{X(f)\}$，あるいは振幅 $|X(f)|$（振幅スペクトルという）と位相 $\angle X(f)$（位相スペクトルという）の両者を知ることが必要とされる。

　ここでは，方形波や三角波のように，数式で与えられてい

て解析的に積分が得られる波形の中から，代表的な例をいくつか示しておくことにしよう。

 周波数スペクトル分析をしたい信号波形は，数式で与えられる場合もあれば，実験データとして数値で与えられる場合もある。数式で与えられる場合でも，式（5.17）の積分計算が解析的に行えるとは限らず，ふつうは，コンピュータによる数値積分の計算を実行しなければならない。
　数値積分を行う場合には，1回の積分計算で1つの周波数に対するスペクトル値が求まるにすぎないので，コンピュータを用いるにしても高い効率が要求される。これを実現するものとしては，FFT（高速フーリエ変換；Fast Fourier Transform）などの強力な計算アルゴリズムが有名だ。

　数式表現される波形は，厳密に同じものは存在しない理想化されたものであるが，それにより現実の現象が近似的に表現できることは少なくない。近似の適用範囲を誤ってしまうと問題が起こることに注意したうえで，このような波形の周波数スペクトルを知っておくことには，大きな意味がある。

(1) 方形波 図5-11(a)

　式（5.9）と式（5.10）を式（5.13）に代入した結果を利用すれば，方形波 $x(t)$，すなわち，

$$x(t) = \begin{cases} E & ; |t| < \tau \\ \dfrac{E}{2} & ; |t| = \tau \\ 0 & ; |t| > \tau \end{cases} \quad (5.22)$$

の周波数スペクトルは，

第5章 周波数スペクトルのすべてがフーリエ変換でわかる！

図5-11 方形波

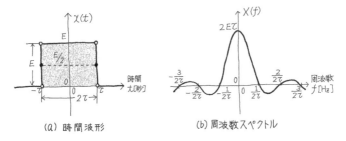

(a) 時間波形　　　　(b) 周波数スペクトル

$$X(f) = 2E\tau \cdot \frac{\sin(2\pi f\tau)}{2\pi f\tau} \tag{5.23}$$

となる 図5-11(b)。以下に，計算プロセスを示す。

$$X(f) = \int_{-\tau}^{\tau} E e^{-j2\pi ft} dt = \left[-\frac{E}{j2\pi f} e^{-j2\pi ft} \right]_{t=-\tau}^{t=\tau}$$

$$= \frac{E}{2\pi f} \cdot \frac{e^{j2\pi f\tau} - e^{-j2\pi f\tau}}{j}$$

$$= \frac{E}{2\pi f} \cdot \frac{\{\cos(2\pi f\tau) + j\sin(2\pi f\tau)\} - \{\cos(2\pi f\tau) - j\sin(2\pi f\tau)\}}{j}$$

$$= \frac{E}{2\pi f} \cdot \frac{j2\sin(2\pi f\tau)}{j} = 2E\tau \cdot \frac{\sin(2\pi f\tau)}{2\pi f\tau}$$

ところで，直流（$f=0$ [Hz]）に対するスペクトル成分は，

$X(0) = 2E\tau =$ アミカケ部分の面積

であり，スペクトルのそれぞれの山の高さは周波数 f に比例して減衰する。また，$X(f)$ は，

$$X\left(n \cdot \frac{1}{2\tau}\right) = 0 \quad ; n \neq 0 \text{で整数} \tag{5.24}$$

のようにパルス幅 2τ [秒] の逆数（$=1/2\tau$）に相当する周波数の整数倍ごとに0（ゼロ）を横切ることになる。

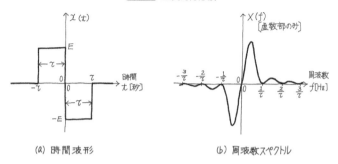

図5-12 正負対方形波

(a) 時間波形 (b) 周波数スペクトル

(2) 正負対方形波 図5-12(a)

周波数スペクトルの実数部はゼロ (0) なので,

$$X(f) = j2E\tau \frac{\sin^2(\pi f \tau)}{\pi f \tau} \tag{5.25}$$

と, 虚数部のみで表される 図5-12(b)。

(3) 三角波 図5-13(a)

周波数スペクトルは,

$$X(f) = E\tau \cdot \left\{ \frac{\sin(\pi f \tau)}{\pi f \tau} \right\}^2 \tag{5.26}$$

となる 図5-13(b)。直流 ($f=0$ [Hz]) のスペクトル成分は,

$$X(0) = E\tau = アミカケ部分の面積 \tag{5.27}$$

であり, スペクトルの包絡線(破線で示すように, 曲線のすべてに接して, しかもその接点の軌跡となる曲線)は周波数の2乗 f^2 に比例して減衰する。また, $X(f)$ は,

$$X\left(n \cdot \frac{1}{\tau}\right) = 0 \quad ; n \neq 0 で整数 \tag{5.28}$$

第 5 章 周波数スペクトルのすべてがフーリエ変換でわかる！

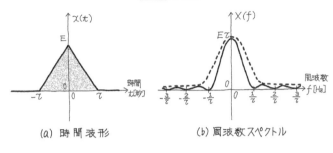

図5-13 三角波
(a) 時間波形
(b) 周波数スペクトル

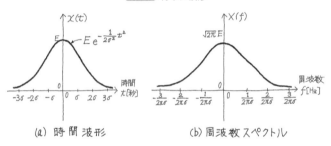

図5-14 ガウス波形
(a) 時間波形
(b) 周波数スペクトル

であり，三角波の半値幅 τ［秒］の逆数（$=1/\tau$）に相当する周波数の整数倍ごとに 0（ゼロ）を横切ることになる。

(4) ガウス波形　図5-14(a)

確率論でなじみ深い正規分布の確率密度関数（19世紀の数理物理学者ガウスが，確率論の研究をする中で提案した関数といわれている）と同じ形をした関数であり，情報通信における波形伝送理論で，重要な役割を果たす。詳細な積分計算は省略するが，ガウス波形の周波数スペクトルは，

$$X(f) = (\sqrt{2\pi}E\sigma)e^{-\frac{(2\pi\sigma)^2}{2}f^2} \tag{5.29}$$

となる 図5-14(b) 。図5-14 の (a) と (b) とを見比べることにより，時間波形と周波数スペクトルはともにガウス波形であり，フーリエ変換によって関数形が変わらない，という性質を有することがわかる。

5.5 インパルス波形と周波数スペクトル

◆超重要な超関数

物理的には存在しないが，定義しておくとたいへん重宝する関数がある。「インパルス関数」，「デルタ関数」，「ディラック関数」などといろいろな呼び名があり，数学では「超関数」と呼ばれるものの1つである。本書ではその波形を**インパルス波形**と称することにし，ギリシャ文字のデルタの小文字「δ」を用いて $\delta(t)$ と表記する。応用数学，電気，音響，画像システムなどさまざまな分野で，$\delta(t)$ は便利な関数として知られている。

インパルス（impulse）とは「衝撃」とか「撃力」といった意味だ。非常に大きな作用を，非常に短い時間の間だけ及ぼすような現象を表している。

第5章 周波数スペクトルのすべてがフーリエ変換でわかる！

図5-15 インパルス波形（デルタ関数）

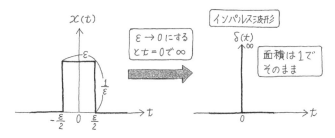

インパルス波形の定義の方法はいくつかあるが，多くの工学書では，

$$\delta(t) = \begin{cases} \infty & ; t = 0 \\ 0 & ; t \neq 0 \end{cases} \tag{5.30}$$

$$\int_{-\infty}^{\infty} \delta(t) \mathrm{d}t = 1 \tag{5.31}$$

の両方を満たす関数と定義されることが多い。何となく違和感がある定義式だが，工学の立場からは理解しやすい。

いま，幅が ε，高さが $1/\varepsilon$ の方形波があるとする **図5-15**。その面積（長方形）は1である。この面積を変えずに幅 ε を限りなく0に近づけると，高さが ∞ の方形波となる。この極限を関数として $\delta(t)$ と書くと，明らかに式 (5.30) のように表せる。つまり，$t=0$ で無限大の値をもつことになるが，その面積が1であるようなパルス，これがインパルス波形と呼ばれるものである。

 インパルス波形は，1点で値が無限大に達するという途方もない関数なので，物理的には実現不可能だ。しかし，実用上は短時間で強度の高い（エネルギーが集中した）パルス波形を作ると，近似的に代用できる。

◆厳密な定義もご覧ください

ところで，インパルス波形の厳密な定義は，

$$\int_{-\infty}^{\infty} x(t)\delta(t)\mathrm{d}t = x(0) \qquad (5.32)$$

を満足する関数 $\delta(t)$ として与えられる。一般化して，時間軸上で t_0 だけ遅らせた（右に平行移動した）インパルス波形 $\delta(t-t_0)$ に信号波形 $x(t)$ を掛け，時間すべてにわたって（$-\infty < t < \infty$ で）積分した値として，

$$\int_{-\infty}^{\infty} x(t)\delta(t-t_0)\mathrm{d}t \qquad (5.33)$$

を考えてみよう。ここで，$\delta(t-t_0)$ は式（5.30）より，

$$\delta(t-t_0) = \begin{cases} \infty & ; t = t_0 \\ 0 & ; t \neq t_0 \end{cases}$$

なので，信号波形とインパルス波形の積 $x(t)\delta(t-t_0)$ は $t=t_0$ 以外で 0 となることは明らかである。したがって，

$$\int_{-\infty}^{\infty} x(t)\delta(t-t_0)\mathrm{d}t = \int_{-\infty}^{\infty} x(t_0)\delta(t-t_0)\mathrm{d}t$$

$$= x(t_0)\underbrace{\int_{-\infty}^{\infty} \delta(t-t_0)\mathrm{d}t}_{1} = x(t_0) \quad (5.34)$$

という関係が導かれる 図5-16 。

式（5.34）からわかるように，信号波形 $x(t_0)$ と t_0 だけ遅らせたインパルス波形 $\delta(t-t_0)$ とを掛け合わせて積分すると，t_0 における $x(t)$ の値が残る。わかりやすくいえば，ある波形 $x(t)$ の $t=t_0$［秒］における値 $x(t_0)$（サンプリングした値）をディジタル信号として取り出すための働きをする関

第5章 周波数スペクトルのすべてがフーリエ変換でわかる！

図5-16 ディジタル信号を得るサンプリング

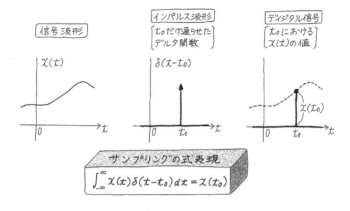

数が，インパルス波形 $\delta(t-t_0)$ である。そのため，ディジタル信号は，

$$x(t_0)\delta(t-t_0) \tag{5.35}$$

として簡略表記されることも多い。

フーリエ亭の お得だね情報❹

インパルス波形 $\delta(t)$

フーリエさん「インパルス波形あるいはデルタ関数 $\delta(t)$ は，英国の著名な原子物理学者ディラックによって，量子力学を数学的に定式化するために導入されたものです」

M之助「物理的には，鋭いパルス状の信号を思い起こせばわかりやすいね」

K男「その，物理的には……といったって，物理に詳しくない僕にはどうもピンとこないよ。何かたとえ話でもいいから，わかりやすいように説明してほしいな」

フーリエさん「そうですね。では，身近な食べ物で説明してみましょうか。たとえば，スイカが熟れているかどうかをチェックす

るとき,みなさんならどうなさいますか?」
K男「もちろん包丁で切って中身を見るよ。あるいはスイカ割りの要領で叩き割ったっていい」
T子「だめよK男さん,茶化したりしちゃ。そうね,スイカをコツコツと叩いてみて,反響する音を聞いて判断するわね 図5-17」
フーリエさん「T子さんがスイカを叩いたときに鳴るコツコツという音が,実はインパルス波形そのもので,反響音は中身が熟れているかどうかの判定情報なのです。つまり,インパルス波形を使用することで中身(スイカ・システム)の様子を知ることができるのです。回路,制御,力学,化学反応,経済など,ありとあらゆるシステムも,これと同様です」
M之助「さしずめK男くんは破壊検査,T子さんは非破壊検査の流儀ってわけか。コンクリートなど建築材料の強さを,建物自体を壊さずに測定するためにも,インパルス波形が応用されてるね」

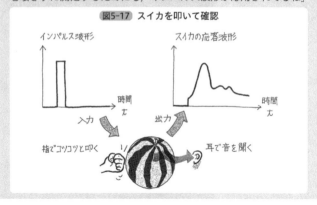

図5-17 スイカを叩いて確認

◆すべてを含むインパルス波形

いま,cos波を複素指数関数で表した $e^{-j2\pi ft}$ という波形を $x(t)$ として選び,式(5.33)において $t_0=0$ としてみよう。

第5章 周波数スペクトルのすべてがフーリエ変換でわかる！

図5-18 インパルス波形の周波数スペクトル

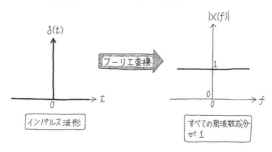

すなわち，

$$\int_{-\infty}^{\infty} e^{-j2\pi ft}\delta(t)\mathrm{d}t$$

とすると，この積分は明らかにインパルス波形のフーリエ変換を求める式になる。そして，式 (5.34) より，

$$\int_{-\infty}^{\infty} \delta(t)e^{-j2\pi ft}\mathrm{d}t = x(0) = e^{j0} = e^{0} = 1 \tag{5.36}$$

となり，極座標で表すと，

$$\int_{-\infty}^{\infty} \delta(t)e^{-j2\pi ft}\mathrm{d}t = \delta(0)e^{j0} = 1e^{j0}(=1) \tag{5.37}$$

となる。よって，式 (5.37) の絶対値が1であることから，インパルス波形の振幅スペクトルは周波数 f [Hz] に関係なく一定だ。つまり，すべての周波数成分が均一に含まれていることがわかる 図5-18 。

 式 (5.37) の偏角が $0(j\theta=j0)$ なので，位相スペクトルはあらゆる周波数で0であることに注意しよう。

ナットクの例題 5-2

インパルス波形 $\delta(t)$ を τ [秒] だけ遅らせた（右に平行移動した）波形 図5-19 の振幅および位相スペクトルを求めよ。

図5-19 τ [秒] だけ遅らせたインパルス波形

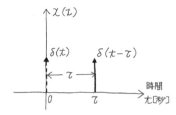

答えはこちら

フーリエ変換式，すなわち，

$$\int_{-\infty}^{\infty} \delta(t-\tau) e^{-j2\pi ft} dt$$

を求めればよいので，$t-\tau=u$ とおいて式（5.36）を適用する。以下に，計算結果を示す 図5-20 。

$$\int_{-\infty}^{\infty} \delta(u) e^{-j2\pi f(u+\tau)} du = e^{-j2\pi f\tau} \underbrace{\int_{-\infty}^{\infty} \delta(u) e^{-j2\pi fu} du}_{1}$$

図5-20 $\delta(t-\tau)$ の周波数スペクトル

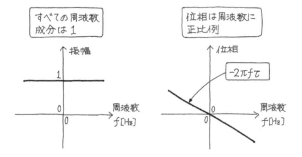

第 5 章 周波数スペクトルのすべてがフーリエ変換でわかる！

$$= e^{-j2\pi f\tau} \tag{5.38}$$

式（5.38）より，位相スペクトルは周波数に対して比例的に変化する（位相が線形という）が，振幅スペクトルはやはり全周波数領域にわたって1となる。

ところで，式（5.36）の逆フーリエ変換は，

$$\delta(t) = \int_{-\infty}^{\infty} 1 \times e^{j2\pi ft} df \tag{5.39}$$

と定義され，インパルス波形 $\delta(t)$ の別な表現として，

$$\delta(t) = \int_{-\infty}^{\infty} e^{j2\pi ft} df \tag{5.40}$$

が導かれる。さらに，オイラーの公式を適用して，

$$\int_{-\infty}^{\infty} e^{j2\pi ft} df = \int_{-\infty}^{\infty} \{\cos(2\pi ft) + j\sin(2\pi ft)\} df$$

$$= \int_{-\infty}^{\infty} \cos(2\pi ft) df + j\underbrace{\int_{-\infty}^{\infty} \sin(2\pi ft) df}_{0}$$

となるので，式（5.40）は，

$$\delta(t) = \int_{-\infty}^{\infty} \cos(2\pi ft) df \tag{5.41}$$

と表される。

すなわち，インパルス波形 $\delta(t)$ は，$-\infty$ から ∞ までにわたる<u>あらゆる周波数 f に対して，最大振幅値が1の cos 波が合成された波形</u>である。いいかえれば，すべての周波数成分を同じ比率で無数に合計すると，それはインパルス波形になるのだ。したがって，

1 個のインパルス波形をシステムに入力するだけで，すべての周波数に対する応答が出力される

ことになる。インパルス波形は、システムの中身（物理的な意味）を把握するには絶好の道具といえる。まさしく「百聞は一見にしかず（無限個の周波数に対する応答が、ただ１つの波形に対する応答でわかる）」の信号波形が、このインパルス波形というわけだ。

◆よく使われる便利な記法と公式

なお、よく使われる記法を紹介しておこう。ある信号 $x(t)$ に対するフーリエ変換を $X(f)$ とし、記号 $\mathcal{F}\{\ \}$ と $\mathcal{F}^{-1}\{\ \}$ を用いて、

$$\begin{cases} \mathcal{F}\{x(t)\} = X(f) & （フーリエ変換）\\ \mathcal{F}^{-1}\{X(f)\} = x(t) & （逆フーリエ変換）\end{cases}$$

と表すとき、このような $x(t)$ と $X(f)$ との関係を**フーリエ変換対**という。

本書では、フーリエ変換対は矢印を使って、

$$x(t) \Longleftrightarrow X(f)$$

と表記することにする。右辺は関数 $x(t)$ のフーリエ変換であり、左辺は、それから導かれる逆変換であることを表している。この表記法を用いれば、インパルス波形 $\delta(t)$ とそのフーリエ変換 "1" との関係は、

$$\delta(t) \Longleftrightarrow 1 \tag{5.42}$$

と表される。

5.6 偶関数,奇関数波形の周波数スペクトル

◆対称か反対称か,それが問題だ!?

一般に信号 $x(t)$ は実数なので,フーリエ変換は,

$$X(f) = \int_{-\infty}^{\infty} x(t) e^{-j2\pi ft} \mathrm{d}t$$

$$= \int_{-\infty}^{\infty} x(t) \{\cos(2\pi ft) - j\sin(2\pi ft)\} \mathrm{d}t$$

(オイラーの公式を適用)

$$= \int_{-\infty}^{\infty} x(t) \cos(2\pi ft) \mathrm{d}t$$

$$- j \int_{-\infty}^{\infty} x(t) \sin(2\pi ft) \mathrm{d}t \qquad (5.43)$$

となる。式 (5.43) より,フーリエ変換 $X(f)$ の実数部と虚数部をそれぞれ $R(f), I(f)$ とすると,

$$X(f) = R(f) + jI(f) \qquad (5.44)$$

であり,

$$R(f) = \int_{-\infty}^{\infty} x(t) \cos(2\pi ft) \mathrm{d}t \qquad (5.45)$$

$$I(f) = -\int_{-\infty}^{\infty} x(t) \sin(2\pi ft) \mathrm{d}t \qquad (5.46)$$

と表される。

$R(f)$ は信号波形 $x(t)$ と $\cos(2\pi ft)$ との相関値 $C(f)$ そのものである。$I(f)$ は $x(t)$ と $\sin(2\pi ft)$ との相関値 $S(f)$ の符号を反転したものに等しい(式 (5.7), 式 (5.8) を参照)。

同様に, 逆フーリエ変換は,

$$x(t) = \int_{-\infty}^{\infty} X(f) e^{j2\pi ft} df$$

$$= \int_{-\infty}^{\infty} \{R(f) + jI(f)\}$$

$$\times \{\cos(2\pi ft) + j\sin(2\pi ft)\} df$$

(オイラーの公式を適用)

$$= \int_{-\infty}^{\infty} \{R(f)\cos(2\pi ft) - I(f)\sin(2\pi ft)\} df$$

$$+ j\int_{-\infty}^{\infty} \{R(f)\sin(2\pi ft) + I(f)\cos(2\pi ft)\} df$$

$$(\because\ j^2 = -1)$$
(5.47)

と式変形される。ここで対象とする信号波形は実数なので,

$$\int_{-\infty}^{\infty} \{R(f)\sin(2\pi ft) + I(f)\cos(2\pi ft)\} df = 0$$

(5.48)

であり,

$$x(t) = \int_{-\infty}^{\infty} \{R(f)\cos(2\pi ft) - I(f)\sin(2\pi ft)\} df$$

(5.49)

と表される。

ところで, $\cos(-2\pi ft) = \cos(2\pi ft)$, $\sin(-2\pi ft) =$

第5章 周波数スペクトルのすべてがフーリエ変換でわかる！

$-\sin(2\pi ft)$ であることを利用して，

$$R(-f) = R(f) \tag{5.50}$$

$$I(-f) = -I(f) \tag{5.51}$$

となるので，$R(f)$ は偶関数，$I(f)$ は奇関数であることもわかる（**計算のツボ 5-2** を参照）。なぜなら，正と負の周波数に対して

$$\begin{aligned}X(-f) &= R(-f) + jI(-f) = R(f) - jI(f) \\ &= \overline{R(f) + jI(f)} = \overline{X(f)}\end{aligned} \tag{5.52}$$

で表される複素共役の関係が成立するからである。

また，$R(f)$ は式（5.50）より偶関数，$I(f)$ は式（5.51）より奇関数なので，実数信号 $x(t)$ に対する逆フーリエ変換式は，式（5.49）より，

$$x(t) = \int_{-\infty}^{\infty} A(f) \cos\{2\pi ft + \theta(f)\} \mathrm{d}t \tag{5.53}$$

ただし，$A(f) = \sqrt{\{R(f)\}^2 + \{I(f)\}^2}$ \tag{5.54}

$$\theta(f) = \arctan(R(f), I(f)) \tag{5.55}$$

となる関係が導かれる（**計算のツボ 5-3** 参照，$C = R(f)$，$D = I(f)$ に相当）。

計算のツボ 5-2　偶関数と奇関数

いま，次式で表される信号波形を考えてみよう **図5-21**。

波形（a）： $x(t) = \begin{cases} 1 - \dfrac{|t|}{\tau} & ; |t| \leq \tau \\ 0 & ; |t| > \tau \end{cases}$ \tag{5.56}

波形（b）： $x(t) = \begin{cases} \dfrac{t}{\tau} & ; |t| \leq \tau \\ 0 & ; |t| > \tau \end{cases}$ \tag{5.57}

図5-21 偶関数波形と奇関数波形

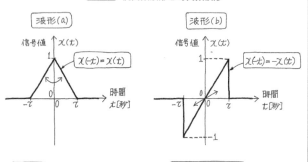

式（5.56）の三角波，すなわち **図5-21(a)** をよく見ると，
$$x(-t) = x(t) \tag{5.58}$$
の形をしていることがわかる。$t=0$ の縦軸に対して左右対称な波形は，式（5.58）のような形の関数で表される。これを**対称波形**，もしくは**偶関数**という。

一方，式（5.57）で表される **図5-21(b)** のノコギリ波は，
$$x(-t) = -x(t) \tag{5.59}$$
の形の関数である。原点に対して点対称（以下では，これを「反対称」ともいう）な波形は，式（5.59）のような形の関数で表される。これを**反対称波形**，もしくは**奇関数**という。

なお，$\cos(2\pi ft), \sin(2\pi ft)$ は t に $(-t)$ を代入して，
$$\cos(-2\pi ft) = \cos(2\pi ft) \tag{5.60}$$
$$\sin(-2\pi ft) = -\sin(2\pi ft) \tag{5.61}$$
となるので，$\cos(2\pi ft)$ が偶関数，$\sin(2\pi ft)$ が奇関数であることは明白である。

また，
$$(偶関数) \times (偶関数) = (偶関数) \tag{5.62}$$
$$(偶関数) \times (奇関数) = (奇関数) \tag{5.63}$$
$$(奇関数) \times (奇関数) = (偶関数) \tag{5.64}$$

第 5 章　周波数スペクトルのすべてがフーリエ変換でわかる！

という関係があることも覚えておいてもらいたい。

計算の ツボ 5-3　　三角関数の合成

いま，
$$C \cos \theta - D \sin \theta = r \cos (\theta + \phi) \tag{5.65}$$
と表すことを考えよう。まず，三角関数の加法定理，すなわち，
$$\cos (\theta + \phi) = \cos \theta \cos \phi - \sin \theta \sin \phi \tag{5.66}$$
を思い出してもらいたい。式 (5.66) を式 (5.65) に代入すれば，
$$C \cos \theta - D \sin \theta = r \cos \theta \cos \phi - r \sin \theta \sin \phi \tag{5.67}$$
と式変形でき，両辺を比較して，
$$\begin{cases} C = r \cos \phi \\ D = r \sin \phi \end{cases} \tag{5.68}$$
という関係が導き出せる。よって，式 (5.65) の表現形式の変数 r と ϕ はそれぞれ，
$$r = \sqrt{C^2 + D^2} \tag{5.69}$$
$$\phi = \arctan (C, D) \tag{5.70}$$
となる。

◆信号波形の分解と周波数スペクトル

ところでフーリエ変換は，ある信号 $x(t)$ を cos 波と sin 波の重ね合わせとして考えることだった。cos 波が対称波形で，sin 波が反対称波形であることを思い出すと，<u>実数のどんな信号波形も，対称波形（偶関数）と反対称波形（奇関数）とに分解できる</u>と考えてよいことになる。

 このうち，対称波形に対するフーリエ変換は，画像データ圧縮の基本処理の DCT（離散コサイン変換；Discrete Cosine

Transform）として重要な信号変換方法である。

（1） 信号 $x(t)$ が対称波形（偶関数）の場合

対称波形は偶関数，すなわち，

$$x(-t) = x(t) \tag{5.71}$$

となる条件を満たす関数である。$x(t) \cos(2\pi ft)$ は偶関数，$x(t) \sin(2\pi ft)$ は奇関数となることから，式 (5.45) と式 (5.46) より，

$$\begin{cases} R(f) = \int_{-\infty}^{\infty} x(t) \cos(2\pi ft) dt \\ I(f) = 0 \end{cases} \tag{5.72}$$

である。

一方，逆フーリエ変換は式 (5.49) において式 (5.72) の $I(f)=0$ を代入すれば，

$$x(t) = \int_{-\infty}^{\infty} R(f) \cos(2\pi ft) df \tag{5.73}$$

の関係が容易に得られる 図5-22 。この場合，式 (5.72) よりフーリエ変換 $X(f)$ が実数（$I(f)=0$）なので，信号 $x(t)$ は対称波形（偶関数）となる。なぜなら，$\cos(-\theta) = \cos\theta$ より，

$$x(-t) = \int_{-\infty}^{\infty} R(f) \cos(-2\pi ft) df$$

$$= \int_{-\infty}^{\infty} R(f) \cos(2\pi ft) df = x(t) \tag{5.74}$$

となるからである。

第 5 章　周波数スペクトルのすべてがフーリエ変換でわかる！

図5-22 偶関数波形のフーリエ変換

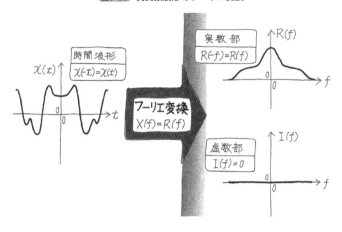

(2)　信号 $x(t)$ が反対称波形（奇関数）の場合

反対称波形は奇関数なので，

$$x(-t) = -x(t) \tag{5.75}$$

という条件を満たす．したがって，$x(t)\cos(2\pi ft)$ は奇関数，$x(t)\sin(2\pi ft)$ は偶関数となることから，式 (5.45) と式 (5.46) より，

$$\begin{cases} R(f) = 0 \\ I(f) = -\int_{-\infty}^{\infty} x(t)\sin(2\pi ft)\mathrm{d}t \end{cases} \tag{5.76}$$

となる．

一方，逆フーリエ変換は式 (5.49) において式 (5.76) を代入すれば，

$$x(t) = -\int_{-\infty}^{\infty} I(f)\sin(2\pi ft)\mathrm{d}f \tag{5.77}$$

図5-23 奇関数波形のフーリエ変換

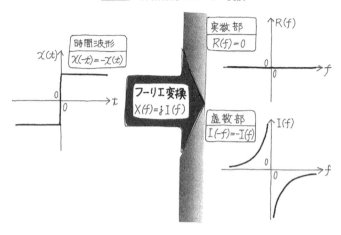

の関係が導かれる 図5-23 。この場合,式 (5.76) よりフーリエ変換 $X(f)$ が純虚数 ($R(f)=0$) なので,信号 $x(t)$ は反対称波形(奇関数)となる。つまり,$\sin(-\theta) = -\sin\theta$ より,

$$x(-t) = -\int_{-\infty}^{\infty} I(f) \sin(-2\pi ft) df$$

$$= \int_{-\infty}^{\infty} I(f) \sin(2\pi ft) df = -x(t) \qquad (5.78)$$

となるからである。

(3) 信号 $x(t)$ を偶関数と奇関数に分解した場合

一般に,信号 $x(t)$ は対称波形(偶関数)と反対称波形(奇関数)の和として表現できる。そこで,

第5章 周波数スペクトルのすべてがフーリエ変換でわかる！

図5-24 信号波形の分解

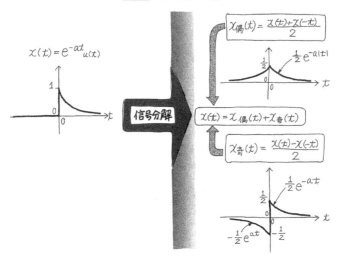

$$\begin{cases} x_{偶}(t) = \dfrac{x(t)+x(-t)}{2} \\ x_{奇}(t) = \dfrac{x(t)-x(-t)}{2} \end{cases} \quad (5.79)$$

とすると，

$$x_{偶}(-t) = x_{偶}(t), x_{奇}(-t) = -x_{奇}(t) \quad (5.80)$$

であり，

$$x(t) = x_{偶}(t) + x_{奇}(t) \quad (5.81)$$

という関係を得る 図5-24 。

さらに，信号 $x(t)$ のフーリエ変換を $R(f)+jI(f)$，$x_{偶}(t)$ と $x_{奇}(t)$ のフーリエ変換をそれぞれ $X_{偶}(f)$ と $X_{奇}(f)$ とすれば，

$$R(f)+jI(f) = X_{偶}(f)+X_{奇}(f) \tag{5.82}$$

である。また，式 (5.72) より $X_{偶}(f)$ は実数，式 (5.76) より $X_{奇}(t)$ は純虚数なので，

$$\begin{cases} X_{偶}(f) = R(f) \\ X_{奇}(f) = jI(f) \end{cases} \tag{5.83}$$

であることがわかる。以上のことから，次に示す有用なフーリエ変換対の関係式が導かれる。

$$\begin{cases} x_{偶}(t) \Longleftrightarrow R(f) \\ x_{奇}(t) \Longleftrightarrow jI(f) \end{cases} \tag{5.84}$$

$$\begin{cases} x_{偶}(t) = \int_{-\infty}^{\infty} R(f) \cos(2\pi ft) df \\ \quad\quad\quad \Updownarrow \\ R(f) = \int_{-\infty}^{\infty} x_{偶}(t) \cos(2\pi ft) dt \end{cases} \tag{5.85}$$

$$\begin{cases} x_{奇}(t) = -\int_{-\infty}^{\infty} I(f) \sin(2\pi ft) df \\ \quad\quad\quad \Updownarrow \\ I(f) = -\int_{-\infty}^{\infty} x_{奇}(t) \sin(2\pi ft) dt \end{cases} \tag{5.86}$$

第6章

フーリエ変換のらくらく計算テクニックを知ろう！

知って得するフーリエ変換の性質

第 5 章ではディジタルフーリエ変換の世界を脱却し，新たにアナログフーリエ変換の世界へと突入したのだった。幾度となく目にしてきたその定義式は，

フーリエ変換：
$$X(f) = \mathcal{F}\{x(t)\} = \int_{-\infty}^{\infty} x(t)e^{-j2\pi ft}\mathrm{d}t \tag{6.1}$$

逆フーリエ変換：
$$x(t) = \mathcal{F}^{-1}\{X(f)\} = \int_{-\infty}^{\infty} X(f)e^{j2\pi ft}\mathrm{d}f \tag{6.2}$$

である。こうした式には，たとえばフーリエ変換 $X(f)$ なら「もとの信号 $x(t)$ がどれだけ cos 波や sin 波に似た形をしているかを求める」といった，れっきとした具体的意味があるのだった。本書をここまで読んでいただけたみなさんならば，もう積分記号（$\int$）や無限大（∞）が入っているというだけで，これらの式を毛嫌いする必要はないはずである。

とはいうものの，式 (6.1) や式 (6.2) は，複素数が入り込んだ積分を実行せよというのだから，具体的意味がわかっているとはいえ，その計算は一見ややこしそうだし，実際確かにややこしいものもある。しかし，実はアナログフーリエ変換には数々の便利な性質があり，それらを巧みに利用することで，上の積分が簡単に計算できるのである。

ここで取り上げる簡単な計算テクニックは，筆者からのささやかなプレゼントであり，読者のみなさんに是非とも習得してもらいたい。乞う，ご期待！

6.1 重ね合わせた波をフーリエ変換すると（線形性）

◆定数倍が保たれる —— 比例性

とりあえず線形性とは何なのかというと，<u>定数倍と和を保つ性質</u>である。といっても何のことかはっきりしないと思うので，実例を見ていただきたい。

 線形性という概念の厳密な定義は，線形代数学の教科書などに詳しく述べられているので，興味のある方はそちらを参照されたい。数学的な心配ごとには，本書ではあまり深く立ち入らないことにする。

まずは復習から。いま，ある信号波形 $x(t)$ とその周波数スペクトル $X(f)$ との関係は，

フーリエ変換：

$$X(f) = \int_{-\infty}^{\infty} x(t)e^{-j2\pi ft}\mathrm{d}t \quad (6.1)\text{の再掲}$$

逆フーリエ変換：

$$x(t) = \int_{-\infty}^{\infty} X(f)e^{j2\pi ft}\mathrm{d}f \quad (6.2)\text{の再掲}$$

である。このことを，フーリエ変換対として，

$$x(t) \Longleftrightarrow X(f)$$

と矢印を使って表すのだった。

このとき，信号波形 $x(t)$ を a 倍したもの，すなわち，
$$ax(t) \tag{6.3}$$
の周波数スペクトルを考えてみると，これはフーリエ変換の定義式より，

$$\int_{-\infty}^{\infty} ax(t)e^{-j2\pi ft}\mathrm{d}t = a\underbrace{\int_{-\infty}^{\infty} x(t)e^{-j2\pi ft}\mathrm{d}t}_{X(f)}$$

となる。これはただちに，
$$ax(t) \Longleftrightarrow aX(f) \tag{6.4}$$
が成り立つことを意味する。つまり，信号波形 $x(t)$ を a 倍したものをフーリエ変換すれば，その周波数スペクトル $X(f)$ も正比例して a 倍される（比例性）ことがわかる。これが「定数倍を保つ」ということの意味だ。

◆定数倍と和が保たれる —— 線形性

次に，2つの信号 $x_1(t)$ と $x_2(t)$ について，それぞれの周波数スペクトル $X_1(f)$ および $X_2(f)$ を
$$x_1(t) \Longleftrightarrow X_1(f), \quad x_2(t) \Longleftrightarrow X_2(f) \tag{6.5}$$
とするとき，ある波形 $x(t)$ が信号 $x_1(t)$ の a_1 倍と，$x_2(t)$ の a_2 倍とで合成されるものとしよう。いま，
$$x(t) = a_1 x_1(t) + a_2 x_2(t) \tag{6.6}$$
と表される波形の周波数スペクトル $X(f)$ は，式 (6.4) の比例性を考慮すれば，
$$a_1 x_1(t) + a_2 x_2(t) \Longleftrightarrow a_1 X_1(f) + a_2 X_2(f) \tag{6.7}$$
となる。なぜならば，すでに見たように

$$X(f) = \int_{-\infty}^{\infty} x(t)e^{-j2\pi ft}\mathrm{d}t \qquad (6.1)\text{ の再掲}$$

第6章 フーリエ変換のらくらく計算テクニックを知ろう！

図6-1 フーリエ変換の線形性

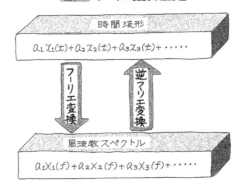

なので，

$$\int_{-\infty}^{\infty} \{a_1 x_1(t) + a_2 x_2(t)\} e^{-j2\pi ft} \mathrm{d}t$$

$$= a_1 \underbrace{\int_{-\infty}^{\infty} x_1(t) e^{-j2\pi ft} \mathrm{d}t}_{X_1(f)} + a_2 \underbrace{\int_{-\infty}^{\infty} x_2(t) e^{-j2\pi ft} \mathrm{d}t}_{X_2(f)} \quad (6.8)$$

だからである。

つまり，いくつかの信号波形を加え合わせた信号の周波数スペクトルは，個々の周波数スペクトルの和に等しくなる 図6-1 。

さて，式 (6.7) は式 (6.4) の拡張である。定数を掛けるだけでなく，2つの時間波形 $x_1(t)$ と $x_2(t)$ とを足したものを含むからだ。これが「定数倍と和を保つ」という性質にほかならない。この性質を**線形性**という。つまり，<u>フーリエ変換（と逆フーリエ変換）は，線形性をもつ演算なのである</u>。

なお，「定数倍と和が保たれるならば線形」などという言い

245

回しは数学でよく用いられるが，こうした概念を持ち出すことで実際上はどんな得があるのかというと，要するに，

「入力される信号 $x(t)$ が複雑な形をしていても，それが性質のわかっているいくつかの波形 $x_1(t), x_2(t), \cdots$, を重ね合わせたものとして表せるならば，各波形についてフーリエ変換を実行してから，あとで足し合わせればよい」

だから便利でしょ，というだけのことである。

 ちなみにこうした考え方は，量子状態の重ね合わせを利用して大量の計算を一気に行おうとする「量子コンピュータ」の開発にも応用されている。

6.2 周波数スペクトルを時間波形とみなすと（対称性）

◆変数をひっくり返してみよう

さて，次はフーリエ変換の**対称性**である。グラフが左右対称であるとか図形が点対称であるとか，数学で対称性という言葉には重要な意味があるが，「フーリエ変換の対称性」といった場合，左右対称とか点対称などの幾何学的な意味はまったくない。結論から言ってしまうと，時間変数 t と周波数変数 f を，それぞれ $-f$ と t に交換できるという性質が，フーリエ変換の対称性という言葉の意味である。

いま，ある信号波形 $x(t)$ とその周波数スペクトル $X(f)$

第6章 フーリエ変換のらくらく計算テクニックを知ろう！

において，周波数スペクトルを時間波形 $X(t)$ とみなしたときのフーリエ変換はどうなるだろうか。

「周波数スペクトルを時間波形とみなす」というのは直感的に意味がわかりづらいが，何のことはない，変数 f を形式的に t と書き換えるだけである（何だ，数学的なお遊びにすぎないじゃないか，といわれそうだが，これがあとで役に立つ）。

逆フーリエ変換の定義式，すなわち，

$$x(t) = \int_{-\infty}^{\infty} X(f) e^{j2\pi ft} df \qquad (6.2)\text{の再掲}$$

において，変数 t を $(-u)$ としてみよう。すると，

$$x(-u) = \int_{-\infty}^{\infty} X(f) e^{-j2\pi fu} df \qquad (6.9)$$

となり，さらに変数 f を t に置き換え（したがって，df が dt に書き換わる），続けて変数 u を f とすれば，

$$x(-f) = \int_{-\infty}^{\infty} X(t) e^{-j2\pi ft} dt \qquad (6.10)$$

と表されるフーリエ変換式が得られる。

式 (6.10) は，時間波形 $X(t)$ のフーリエ変換が $x(-f)$ になることを意味しており，この関係をフーリエ変換対として表せば

$$X(t) \Longleftrightarrow x(-f) \qquad (6.11)$$

となり，フーリエ変換に対称性があることがわかる。特に，信号 $x(t)$ が左右対称の波形（偶関数）のときは，$x(-t) = x(t)$ なので，式 (6.11) より，

$$X(t) \Longleftrightarrow x(f) \qquad (6.12)$$

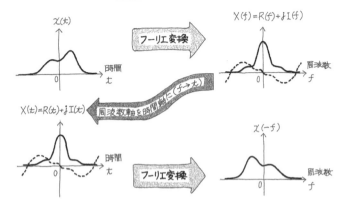

図6-2　フーリエ変換の対称性

と，単に周波数変数 f と時間変数 t とを交換した式がそのまま成立する 図6-2 。

◆ただものじゃない対称性

この対称性という性質がなぜ重要なのかを説明しておこう。いま， 図6-3(a) に示すサンプリング関数，すなわち，

$$x(t) = \frac{\sin(t)}{t} \tag{6.13}$$

が与えられたとして，この関数のフーリエ変換を求めてみよう。正攻法でいくならば，

$$X(f) = \int_{-\infty}^{\infty} \frac{\sin(t)}{t} e^{-j2\pi ft} \mathrm{d}t \tag{6.14}$$

という積分を計算することになる。しかし，この右辺の積分を計算して，t で微分すると $\frac{\sin(t)}{t}e^{-j2\pi ft}$ になるような関数を求めるのは，至難の業というほかない（特殊関数の知識が

第6章　フーリエ変換のらくらく計算テクニックを知ろう！

図6-3 サンプリング関数のフーリエ変換

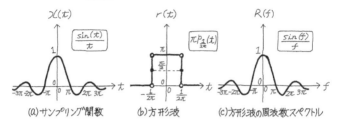

(a)サンプリング関数　　(b)方形波　　(c)方形波の周波数スペクトル

必要になる）。

ところが，である。直接に積分計算をしなくても，フーリエ変換の対称性を知っていれば，式（6.14）の積分値を簡単に求めることができる。つまり，フーリエ変換して $x(f)$ になるような関数を見つければよいのだ。

そこで，図5-11(a) の方形波で $E=\pi$, $\tau=\dfrac{1}{2\pi}$ とおけば，図6-3(b) の信号波形 $r(t)$，すなわち，

$$r(t) = \pi p_{\frac{1}{2\pi}}(t) = \begin{cases} \pi & : |t| < \dfrac{1}{2\pi} \\ \dfrac{\pi}{2} & : |t| = \dfrac{1}{2\pi} \\ 0 & : |t| > \dfrac{1}{2\pi} \end{cases} \tag{6.15}$$

となり，そのフーリエ変換値 $R(f)$ は式（5.23）より，

$$R(f) = \frac{\sin(f)}{f} \tag{6.16}$$

である 図6-3(c) 。よって，式（6.13）と式（6.16）を比較してみると，

$$x(t) = R(t) \tag{6.17}$$

であるから，フーリエ変換の対称性（式 (6.11)）を利用して，
$$\mathcal{F}\{x(t)\} = \mathcal{F}\{R(t)\} = r(-f) \tag{6.18}$$
であることがわかる。つまり，
$$r(t) \Longleftrightarrow R(f) \tag{6.19}$$
というフーリエ変換対の関係さえ知っていれば，$r(t)$ と $R(t)$ という 2 つの関数の周波数スペクトルを知っていることになるのである。対称性は，まさしく一石二鳥ともいうべき，便利な性質だ。

◆対称性の具体的な意味は

以上をまとめてみると，

> 時間領域の特性 P に対応して，
> 周波数領域で現象 Q を示した

という場合，同時に，

> 周波数領域の特性 Q に対応して，
> 時間領域で現象 P を示す

も成り立つのである。たとえば，「信号波形の変化が急峻(きゅうしゅん)であればあるほど，その周波数スペクトルは高い周波数まで広がる」という事実があるが，逆に「周波数スペクトルに含まれる変動量が急激なほど，信号波形は時間原点から遠い位置にも存在する」ともいえるわけだ。

ちなみに，信号波形の変化が急峻な例として，たとえばカミナリ（落雷）があげられる。カミナリが光るとテレビ画像が乱れたり，ラジオがピーピーガーガーいったりする。カミナリの発する電波は鋭いパルス状の波形をもっており，かなり広いスペクトル領域にわたっている。だから，テレビやラジオがもろに影響を受けてしまうというわけだ。

第6章 フーリエ変換のらくらく計算テクニックを知ろう!

6.3
波形やスペクトルの軸が伸び縮みすると(尺度変換)

◆伸縮自在の波形 —— 時間尺度変換

いま,任意の実定数 a によって,ある波形 $x(t)$ を時間軸上で縮めたり($|a|>1$),広げたり($|a|<1$)した波形は $x(at)$ と表される。このように時間を伸縮させることを,**時間尺度変換**という。

この場合の周波数スペクトルの変化は,時間波形 $x(at)$ のフーリエ変換として(導出方法はすぐ下に述べるが),

$$\mathcal{F}\{x(at)\} = \frac{1}{|a|}X\left(\frac{f}{a}\right) \tag{6.20}$$

で与えられる 図6-4 。

図6-4 より,$|a|<1$ のときは信号波形が時間軸方向に $|a|$ 倍に広げられ,信号の周波数成分は低いほうに集まるので,スペクトルの波形は周波数軸方向に縮むことになる。このとき同時に,周波数スペクトルの大きさは縦方向に $1/|a|$ 倍に拡大する。

一方,$|a|>1$ のときは,これとは反対に,信号波形は時間軸方向に $1/|a|$ 倍に縮められ,信号の周波数成分は高い周波数まで広がる。そして,信号の大きさは縦方向に $1/|a|$ 倍に縮小する。

つまり,$|a|<1$ で時間が伸びれば周波数スペクトルは低い周波数に集中し,$|a|>1$ で時間が縮まれば周波数スペクトル

図6-4 時間軸の伸縮とフーリエ変換（$a>0$）

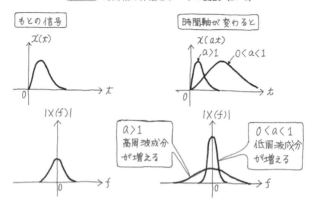

は高い周波数成分まで広がることになる。

なお，式（6.20）は以下のようにして導かれる。まず，$x(at)$ のフーリエ変換は，

$$\mathcal{F}\{x(at)\} = \int_{-\infty}^{\infty} x(at)e^{-j2\pi ft}\mathrm{d}t$$

と表される。ここで，$at=u$ とおくと，$a\mathrm{d}t=\mathrm{d}u$ より $\mathrm{d}t = \frac{1}{a}\mathrm{d}u, t=\frac{u}{a}$ であり，$a>0$ とすると，フーリエ変換式（6.1）より，

$$\mathcal{F}\{x(at)\} = \frac{1}{a}\int_{-\infty}^{\infty} x(u)e^{-j2\pi(f/a)u}\mathrm{d}u = \frac{1}{a}X\left(\frac{f}{a}\right)$$

となる。同様に，$a<0$ とすると，

$$\mathcal{F}\{x(at)\} = \frac{1}{a}\int_{\infty}^{-\infty} x(u)e^{-j2\pi(f/a)u}\mathrm{d}u = -\frac{1}{a}X\left(\frac{f}{a}\right)$$

であり，以上2つの式をまとめて式（6.20）のように表せるわけだ。

第6章 フーリエ変換のらくらく計算テクニックを知ろう!

図6-5 時間尺度変換と周波数スペクトル

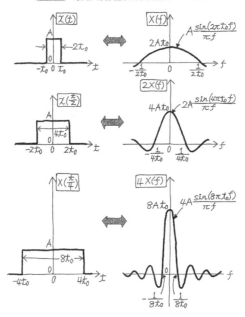

このフーリエ変換における時間と周波数の伸び縮みの関係によれば，時間軸のスケールを拡大すると周波数軸のスケールが縮小するだけでなく，振幅も大きくできる **図6-5**。つまり，信号エネルギーを狭い周波数範囲に集められるのだ。時間尺度変換を応用すれば，強力なパルス状のスペクトルをもった信号を作り出せることになる。実際，パルスレーダやアンテナの理論で重要な働きをしている **図6-6**。

ちなみにパルスレーダとは，パルス幅の狭い周期パルスのマイクロ波を送出し，探索対象物からの反射信号（エコー）を受信することによって，探索対象物の位置（距離，方向）

図6-6 パルスレーダ信号

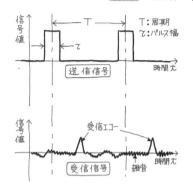
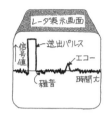

を特定するものである。

◆スペクトルもまた真なり —— 周波数尺度変換

いま,任意の実定数 a によって,ある周波数スペクトル $X(f)$ が周波数軸上で縮まったり($|a|>1$),広がったり($|a|<1$)したスペクトルは $X(af)$ と表される。このように周波数を伸縮させる操作を,**周波数尺度変換**という。考え方そのものは,時間尺度変換と同じだ。

周波数の伸縮をさせた場合の時間波形 $x(t)$ は,$X(af)$ の逆フーリエ変換として,

$$\mathcal{F}^{-1}\{X(af)\} = \frac{1}{|a|}x\left(\frac{t}{a}\right) \tag{6.21}$$

で与えられる。ここで,式 (6.21) は以下のようにして導かれる。まず,$X(af)$ の逆フーリエ変換は,

$$\mathcal{F}^{-1}\{X(af)\} = \int_{-\infty}^{\infty} X(af)e^{j2\pi ft}\mathrm{d}f$$

第6章　フーリエ変換のらくらく計算テクニックを知ろう！

図6-7 周波数尺度変換と時間波形

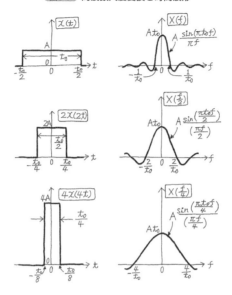

と表される。ここで，$af = u$ とおくと，$a df = du$ より $df = \frac{1}{a} du$，$f = \frac{u}{a}$ であり，$a > 0$ とすると，式 (6.2) より，

$$\mathcal{F}^{-1}\{X(af)\} = \frac{1}{a}\int_{-\infty}^{\infty} X(u) e^{j2\pi(t/a)u} du = \frac{1}{a} x\left(\frac{t}{a}\right)$$

となる。同様に，$a < 0$ とすると，

$$\mathcal{F}^{-1}\{X(af)\} = \frac{1}{a}\int_{\infty}^{-\infty} X(u) e^{j2\pi(t/a)u} du = -\frac{1}{a} x\left(\frac{t}{a}\right)$$

であり，以上2つの式をまとめて式 (6.21) で表せる。

式 (6.21) より，信号波形の時間軸を伸び縮みさせたときの周波数スペクトルの変化と，周波数スペクトルの周波数軸を伸び縮みさせたときの波形の時間軸上での変化が逆になることが読み取れるはずだ **図6-7**。つまり，時間軸が伸びれば

周波数軸は縮み，時間軸が縮めば周波数軸は伸びることになるのである。

6.4 波形やスペクトルが平行移動すると（変数のずれ）

◆時間変数 t がずれると —— 時間遅延

図6-8 に示す時間波形 $x(t)$ を τ［秒］だけ遅らせた（右に

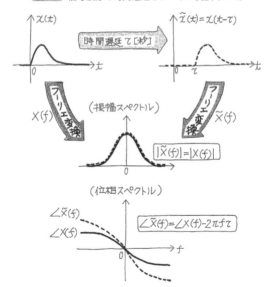

図6-8 信号波形の時間遅延とフーリエ変換（$\tau > 0$）

平行移動した）信号 $x(t-\tau)$ の周波数スペクトル $\widetilde{X}(f)$ は，式（6.1）より，

$$\widetilde{X}(f) = \mathcal{F}\{x(t-\tau)\} = e^{-j2\pi f\tau}X(f) \tag{6.22}$$

と表される。この式は，$X(f)$ に掛けられた $e^{-j2\pi f\tau}$ が信号を τ [秒] だけ遅らせることを意味している。ここで，$|e^{-j2\pi f\tau}|=1$ であることを考慮すれば，

$$|\widetilde{X}(f)| = |e^{-j2\pi f\tau}X(f)| = |e^{-j2\pi f\tau}||X(f)| = |X(f)| \tag{6.23}$$

という関係から，信号が遅れたとしても，遅延以前のもとの信号に含まれる周波数成分の大きさは変化しないことがわかる。一方，信号 $x(t-\tau)$ の位相スペクトル $\angle\widetilde{X}(f)$ は，

$$\angle\widetilde{X}(f) = \angle X(f) - 2\pi f\tau$$

に等しい。

このことは，考えてみれば当然の結果だ。位相スペクトルだけに波形のずれ（進み，遅れ）の影響が現れ，振幅スペクトルには何らの変化も生じないということだからである。

なお，式（6.22）は以下のようにして導かれる。

$$\begin{aligned}\mathcal{F}\{x(t-\tau)\} &= \int_{-\infty}^{\infty} x(t-\tau)e^{-j2\pi ft}\mathrm{d}t \\ &= \int_{-\infty}^{\infty} x(u)e^{-j2\pi f(u+\tau)}\mathrm{d}u \ \ (t-\tau=u \text{ とした}) \\ &= \int_{-\infty}^{\infty} x(u)e^{-j2\pi fu}e^{-j2\pi f\tau}\mathrm{d}u \\ &= e^{-j2\pi f\tau}\int_{-\infty}^{\infty} x(u)e^{-j2\pi fu}\mathrm{d}u\end{aligned}$$

$$= e^{-j2\pi f\tau} X(f)$$

◆周波数変数 f がずれると —— 周波数偏移

また,ある時間波形 $x(t)$ に周波数 f_m [Hz] の複素正弦波 $e^{j2\pi f_m t}$ を掛けた信号,すなわち,

$$x(t)e^{j2\pi f_m t} \tag{6.24}$$

の周波数スペクトルを求めてみよう。

常識のようで恐縮だが,本文で「正弦波」という言葉をこれまで使ってこなかったので,念のため説明しておこう。cos 波と sin 波には,まとめて**正弦波**と呼ばれることがある。というのは,これらは時間軸方向に位置がずれているだけで,本質的にはまったく同じ波だからだ。

オイラーの公式によれば,2 つの正弦波 $\cos(2\pi f_m t)$ と $\sin(2\pi f_m t)$ は,$\cos(2\pi f_m t) + j\sin(2\pi f_m t) = e^{j2\pi f_m t}$ と組み合わせて,複素指数関数を使って書いてもよいことが知られている。そこで,$e^{j2\pi f_m t}$ で表される波を,特に**複素正弦波**と呼ぶことがある。

フーリエ変換の定義式より,

$$\mathcal{F}\{x(t)e^{j2\pi f_m t}\} = \int_{-\infty}^{\infty} x(t)e^{j2\pi f_m t}e^{-j2\pi f t}\mathrm{d}t$$

$$= \int_{-\infty}^{\infty} x(t)e^{-j2\pi(f-f_m)t}\mathrm{d}t$$

$$= X(f - f_m) \tag{6.25}$$

であり,フーリエ変換対として,

$$x(t)e^{j2\pi f_m t} \Longleftrightarrow X(f - f_m) \tag{6.26}$$

と表される。

第6章 フーリエ変換のらくらく計算テクニックを知ろう！

図6-9 振幅変調波形とフーリエ変換

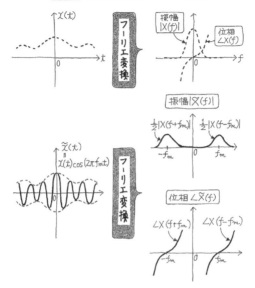

　つまり，時間波形 $x(t)$ に複素正弦波を掛けることは，周波数スペクトル $X(f)$ を f_m [Hz] だけ右へ平行移動することになり，周波数を偏移させる働き（通信の分野でいう「変調；modulation」に相当）をもつことがわかる。

　ところで，ある信号 $x(t)$ に正弦波 $\cos(2\pi f_m t)$ を掛けることを振幅変調（AM；Amplitude Modulation）といい，

$$x(t)\cos(2\pi f_m t) \tag{6.27}$$

は被変調波と呼ばれる 図6-9 。

💡 式（6.27）で信号 $x(t)$ に掛かっている，正弦波 $\cos(2\pi f_m t)$ のことを**搬送波**という。これは，振幅と周波数が一定の波で，

これに変調波を乗せて運んだもの，すなわち変調された搬送波が被変調波というわけである．たとえば $f_m=594$ [kHz] の搬送波で振幅変調された波形は，東京では AM ラジオの NHK 第1の放送信号となる．

この振幅変調された波形の周波数スペクトルは，オイラーの公式より，

$$x(t)\cos(2\pi f_m t) = x(t)\frac{e^{j2\pi f_m t}+e^{-j2\pi f_m t}}{2}$$

$$= \frac{1}{2}x(t)e^{j2\pi f_m t}+\frac{1}{2}x(t)e^{-j2\pi f_m t}$$

と表されるので，式 (6.26) を適用すれば，

$\mathcal{F}\{x(t)\cos(2\pi f_m t)\}$

$$= \frac{1}{2}\mathcal{F}\{x(t)e^{j2\pi f_m t}\}+\frac{1}{2}\mathcal{F}\{x(t)e^{-j2\pi f_m t}\}$$

$$= \frac{1}{2}X(f-f_m)+\frac{1}{2}X(f+f_m) \tag{6.28}$$

となる 図6-9 ．つまり，cos 波で振幅変調すると，もとの信号波形 $x(t)$ の周波数スペクトル $X(f)$ をそれぞれ $\pm f_m$ [Hz] だけずらしたところに，上側波帯という正の周波数領域のスペクトル $X(f-f_m)$ と負の周波数領域（下側波帯）のスペクトル $X(f+f_m)$ に半分ずつ分離される形で，変調スペクトルが現れることになる．

6.5 信号を微分,積分すると

◆時間波形の微積分

ここでは,微分波形(ある波形を表す関数を微分したものを,こう称する)や積分波形の周波数スペクトルを考える。

(1) 時間微分の周波数スペクトル

いま,ある信号波形 $x(t)$ を微分した式,すなわち,

$$\frac{dx(t)}{dt} \tag{6.29}$$

のフーリエ変換を求めてみよう。これは,次の(2)で説明する積分波形のフーリエ変換も含め,実験データの解析などの現場でしばしば必要となるテクニックである。

式(6.2)の逆フーリエ変換の両辺を時間変数 t に関して微分すれば,次に見るように,式(6.29)のフーリエ変換値がただちに得られる。

$$\begin{aligned}
\frac{dx(t)}{dt} &= \frac{d}{dt}\left\{\int_{-\infty}^{\infty} X(f) e^{j2\pi ft} df\right\} \\
&= \int_{-\infty}^{\infty} X(f) \left\{\frac{d}{dt} e^{j2\pi ft}\right\} df \\
&= \int_{-\infty}^{\infty} \{(j2\pi f) X(f)\} e^{j2\pi ft} df
\end{aligned}$$

つまり,もとの(スペクトル)関数 $X(f)$ に $j2\pi f$ を掛け

たものの逆フーリエ変換が，式（6.29）に等しくなるのである。しかるに，微分した波形（式（6.29））とその周波数スペクトルは，

$$\frac{\mathrm{d}x(t)}{\mathrm{d}t} \Longleftrightarrow j2\pi f X(f) \tag{6.30}$$

とフーリエ変換対として表される。そこで，時間波形⇔周波数スペクトルの関係から，

「時間微分 $\left(\dfrac{\mathrm{d}}{\mathrm{d}t}\right)$ は周波数領域では $(j2\pi f)$ に対応する」

と覚えておくと便利である。

時間微分が2階微分 $\left(\dfrac{\mathrm{d}^2}{\mathrm{d}t^2}\right)$ や n 階微分 $\left(\dfrac{\mathrm{d}^n}{\mathrm{d}t^n}\right)$ のときは，複素定数 $(j2\pi f)$ を単にその階数 n 回だけ掛ければよい。

（2） 時間積分の周波数スペクトル

また，信号波形 $x(t)$ を時間領域で積分した波形 $\phi(t)$，すなわち，

$$\phi(t) = \int_{-\infty}^{t} x(u)\mathrm{d}u \tag{6.31}$$

のフーリエ変換を $\Phi(f)$ とするとき，

$$\phi(t) \Longleftrightarrow \Phi(f) = \int_{-\infty}^{\infty}\left\{\int_{-\infty}^{t} x(u)\mathrm{d}u\right\}e^{-j2\pi ft}\mathrm{d}t \tag{6.32}$$

に対して，式（6.30）の関係を1階微分（$k=1$）の場合に適用すれば，

$$\frac{\mathrm{d}\phi(t)}{\mathrm{d}t} \Longleftrightarrow j2\pi f \Phi(f) \tag{6.33}$$

となる。ただし，式（6.33）が成り立つには，$f=0, t\to\infty$ に

対して，
$$\int_{-\infty}^{\infty} x(u)\mathrm{d}u = \varPhi(0) = 0 \tag{6.34}$$
という関係を満たす必要がある。ここで，式 (6.31) より，
$$\frac{\mathrm{d}\phi(t)}{\mathrm{d}t} = x(t)$$
なので，式 (6.33) は $x(t)$ のフーリエ変換 $X(f)$ でもあり，
$$j2\pi f\varPhi(f) = X(f)$$
という関係が成立する。よって，
$$\varPhi(f) = \frac{1}{j2\pi f}X(f) \tag{6.35}$$
となることから，時間積分 $\phi(t)$ とその信号スペクトル $\varPhi(f)$ はフーリエ変換対として，
$$\int_{-\infty}^{t} x(u)\mathrm{d}u \Longleftrightarrow \frac{1}{j2\pi f}X(f) \tag{6.36}$$
と表される。そこで，
「時間積分 $\left(\int_{-\infty}^{t} x(u)\mathrm{d}u\right)$ が周波数領域では $\left(\frac{1}{j2\pi f}\right)$ に対応する」
と覚えておくと便利である。

ご承知のように微分と積分とは逆の演算なので，周波数スペクトルの式 (6.30) と式 (6.36) とを見比べて，逆数関係にあるのもなっとくできるだろう。なお，式 (6.34) が成立しないときは，次のようになる。
$$\int_{-\infty}^{t} x(u)\mathrm{d}u \Longleftrightarrow \varPhi(0)\delta(f) + \frac{1}{j2\pi f}X(f) \tag{6.37}$$

◆周波数スペクトルについての微分は？

 同じようなことは,時間波形 $x(t)$ のみならず,周波数スペクトル $X(f)$ についてもいえる。周波数スペクトル $X(f)$ を周波数 f で微分した式,すなわち,

$$\frac{\mathrm{d}X(f)}{\mathrm{d}f} \tag{6.38}$$

を考えてみよう。式 (6.1) のフーリエ変換の両辺を周波数変数 f に関して微分すれば,式 (6.38) の周波数スペクトルをもつ時間波形がただちに得られる。

$$\begin{aligned}
\frac{\mathrm{d}X(f)}{\mathrm{d}f} &= \frac{\mathrm{d}}{\mathrm{d}f}\left\{\int_{-\infty}^{\infty} x(t)e^{-j2\pi ft}\mathrm{d}t\right\} \\
&= \int_{-\infty}^{\infty} x(t)\left\{\frac{\mathrm{d}}{\mathrm{d}f}e^{-j2\pi ft}\right\}\mathrm{d}t \\
&= \int_{-\infty}^{\infty} \{(-j2\pi t)x(t)\}e^{-j2\pi ft}\mathrm{d}t
\end{aligned}$$

 以上より,一般的に周波数で微分したスペクトル(式 (6.38))をもつ時間波形は,フーリエ変換対として,

$$(-j2\pi t)x(t) \Longleftrightarrow \frac{\mathrm{d}X(f)}{\mathrm{d}f} \tag{6.39}$$

と表される。

> 2 階微分 $\left(\dfrac{\mathrm{d}^2}{\mathrm{d}f^2}\right)$ や n 階微分 $\left(\dfrac{\mathrm{d}^n}{\mathrm{d}f^n}\right)$ のときは,複素定数 $(-j2\pi t)$ を階数 n 回だけ掛ければよいことも,同じである。

6.6 フーリエ変換の様々な性質を公式としてまとめると

◆いままでに登場した性質をまとめよう

さて，これまでの 6.1 節から 6.5 節までに登場したフーリエ変換の性質をまとめると，次のようになるだろう。

(1) 線形性

$a_1 x_1(t) + a_2 x_2(t)$ のフーリエ変換は $a_1 X_1(f) + a_2 X_2(f)$

(2) 対称性

$X(t)$ のフーリエ変換は $x(-f)$

(3) 尺度変換

時間尺度変換……$x(at)$ のフーリエ変換は $\dfrac{1}{|a|} X\left(\dfrac{f}{a}\right)$

周波数尺度変換……$\dfrac{1}{|a|} x\left(\dfrac{t}{a}\right)$ のフーリエ変換は $X(af)$

(4) 変数のずれ

時間遅延……$x(t-\tau)$ のフーリエ変換は $e^{-j2\pi f\tau} X(f)$

周波数偏移……$x(t)e^{j2\pi f_m t}$ のフーリエ変換は $X(f-f_m)$

(5) 微分と積分

時間微分……$\dfrac{d^n}{dt^n} x(t)$ のフーリエ変換は $(j2\pi f)^n X(f)$

時間積分……$\displaystyle\int_{-\infty}^{t} x(u)\,du$ のフーリエ変換は $\dfrac{1}{j2\pi f} X(f)$

周波数微分

……$(-j2\pi t)^n x(t)$ のフーリエ変換は $\dfrac{d^n}{df^n} X(f)$

◆いろいろな信号波形のフーリエ変換

上のような性質を知っていると,どういうご利益があるかというと,信号波形の周波数スペクトルを求めるのに非常に使いでがある。

第5章では,方形波や三角波などいくつかの特徴的な波形に対して周波数スペクトルを求めた。が,実際に信号を取り扱う際には,たとえば,必ずしも時刻がゼロの時点を中心にしてパルスが発生するとは限らない。そこで,時間をずらしたり,尺度を伸ばしたり縮めたりすることが自由自在にできるようになれば,理想的である。というわけで,いろいろな信号波形の周波数スペクトルを実際に求めてみたい。ただ,煩雑な計算が避けられないので,先に**第7章**を読まれることをお勧めする。

(例1) 複素正弦波 $e^{j2\pi f_m t}$

フーリエ変換の定義式より,

$$\mathcal{F}\{e^{j2\pi f_m t}\} = \int_{-\infty}^{\infty} e^{j2\pi f_m t} e^{-j2\pi f t} \mathrm{d}t = \int_{-\infty}^{\infty} e^{-j2\pi (f-f_m)t} \mathrm{d}t \tag{6.40}$$

であり,

$$\delta(t) = \int_{-\infty}^{\infty} e^{j2\pi f t} \mathrm{d}f \qquad (5.40)\text{の再掲}$$

となる関係に,**6.2節**で説明済みのフーリエ変換の対称性を適用すれば,

$$\int_{-\infty}^{\infty} e^{-j2\pi (f-f_m)t} \mathrm{d}t = \delta(f - f_m)$$

となり,次のフーリエ変換対が得られる。
$$e^{j2\pi f_m t} \Longleftrightarrow \delta(f-f_m) \tag{6.41}$$

(例2) 位相のずれた正弦波 $\cos\left(2\pi f_m t - \dfrac{\pi}{4}\right)$

オイラーの公式により,
$$\cos\left(2\pi f_m t - \frac{\pi}{4}\right) = \frac{e^{j(2\pi f_m t - \pi/4)} + e^{-j(2\pi f_m t - \pi/4)}}{2}$$

と表される。そこで,式 (6.41) を適用すると,
$$e^{j(2\pi f_m t - \pi/4)} = e^{-j\pi/4} e^{j2\pi f_m t} \Longleftrightarrow e^{-j\pi/4}\delta(f-f_m)$$
$$e^{-j(2\pi f_m t - \pi/4)} = e^{j\pi/4} e^{-j2\pi f_m t} \Longleftrightarrow e^{j\pi/4}\delta(f+f_m)$$

となり,$e^{\pm j\pi/4} = \cos(\pi/4) \pm j\sin(\pi/4) = \dfrac{1}{\sqrt{2}} \pm j\dfrac{1}{\sqrt{2}}$ なので,$\cos\left(2\pi f_m t - \dfrac{\pi}{4}\right)$ のフーリエ変換対は,

$$\cos\left(2\pi f_m t - \frac{\pi}{4}\right) \Longleftrightarrow \left[\frac{1}{2\sqrt{2}}\delta(f+f_m) + \frac{1}{2\sqrt{2}}\delta(f-f_m)\right]$$

図6-10 位相のずれた正弦波 $\cos\left(2\pi f_m t - \dfrac{\pi}{4}\right)$

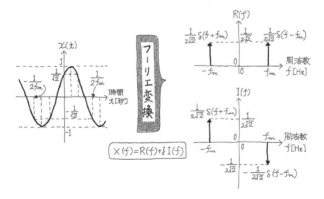

$$+j\left[\frac{1}{2\sqrt{2}}\delta(f+f_m)-\frac{1}{2\sqrt{2}}\delta(f-f_m)\right] \quad (6.42)$$

と導かれる 図6-10 。

(例 3) 図6-11 のパルス波形

$$p_{t_0}(t)=\begin{cases}1 & ;|t|<t_0\\ \dfrac{1}{2} & ;|t|=t_0\\ 0 & ;|t|>t_0\end{cases}$$

フーリエ変換の定義式より,

$$\begin{aligned}\mathscr{F}\{p_{t_0}(t)\}&=\int_{-t_0}^{t_0}e^{-j2\pi ft}\mathrm{d}t=\left[-\frac{e^{-j2\pi ft}}{j2\pi f}\right]_{t=-t_0}^{t=t_0}\\ &=-\frac{e^{-j2\pi ft_0}}{j2\pi f}+\frac{e^{j2\pi ft_0}}{j2\pi f}\\ &=-\frac{\cos(2\pi ft_0)-j\sin(2\pi ft_0)}{j2\pi f}\\ &\quad+\frac{\cos(2\pi ft_0)+j\sin(2\pi ft_0)}{j2\pi f}\\ &=\frac{\sin(2\pi ft_0)}{\pi f} \quad (6.43)\end{aligned}$$

図6-11 パルス波形 $p_{t_0}(t)$

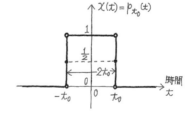

図6-12 パルス波形 $p_{t_0}(t)$ の周波数スペクトル

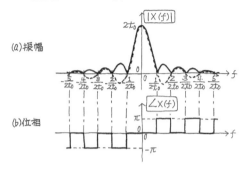

(a) 振幅

(b) 位相

となり、図6-12 のフーリエ変換対が得られる。図6-12(a) の破線は式 (6.43) の値、実線は信号スペクトルの振幅 $\left|\dfrac{\sin(2\pi f t_0)}{\pi f}\right|$ を示す。また、$f = \dfrac{1}{2t_0}$ [Hz] ごとに $\sin(2\pi f t_0)$ の符号が反転するので、位相は図6-12(b) のように $f = \dfrac{1}{2t_0}$ [Hz] おきに π [rad] の飛躍をもって変化する。

＼ナットク／の例題 6-1

いま、$A > 0$ として、

$$h(t) = \begin{cases} A & ; |t| < 2 \\ \dfrac{A}{2} & ; |t| = 2, \\ 0 & ; |t| > 2 \end{cases} \quad x(t) = \begin{cases} -A & ; |t| < 1 \\ -\dfrac{A}{2} & ; |t| = 1 \\ 0 & ; |t| > 1 \end{cases}$$

とする。$h(t), x(t), [h(t) - x(t)]$ のグラフを示せ。また、$[h(t) - x(t)]$ のフーリエ変換を求めよ。

> **答えはこちら**

まず、各波形のグラフを図6-13 に示す。

図6-13 の各波形のフーリエ変換は、式 (6.43) と 6.1 節の「フーリエ変換対の線形性」を適用する。すなわち、パルス波形の表記

図6-13 例題 6-1 の信号波形

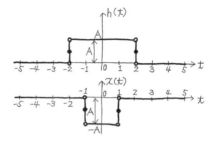

$p_{t_0}(t)$ において，$t_0=2$ および $t_0=1$ とすれば $h(t)=p_2(t), x(t)=-p_1(t)$ と表され，それぞれのフーリエ変換は，

$$H(f) = \mathcal{F}\{h(t)\} = \frac{A \sin(4\pi f)}{\pi f}$$

$$X(f) = \mathcal{F}\{x(t)\} = -\frac{A \sin(2\pi f)}{\pi f}$$

であり，

$$\begin{aligned}\mathcal{F}\{h(t)-x(t)\} &= \mathcal{F}\{h(t)\}-\mathcal{F}\{x(t)\} \\ &= H(f)-X(f) \\ &= \frac{A \sin(4\pi f)+A \sin(2\pi f)}{\pi f}\end{aligned}$$

となる。

（例 4） 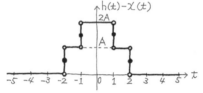 の時間をずらしたパルス波形 $p_{\frac{t_0}{2}}(t-\tau)$

式（6.43）と式（6.22）を利用して，

$$p_{\frac{t_0}{2}}(t-\tau) \iff \frac{\sin(2\pi f t_0)}{\pi f} e^{-j2\pi f \tau} \tag{6.44}$$

第6章 フーリエ変換のらくらく計算テクニックを知ろう！

図6-14 時間をずらしたパルス波形 $p_{\frac{t_0}{2}}(t-\tau)$

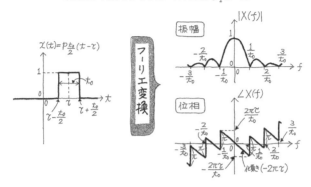

(a) 時間波形　　　　　　　　(b) 周波数スペクトル

が得られる。

（例5）　サンプリング関数（の定数倍） $\dfrac{\sin(2\pi f_0 t)}{\pi t}$

（例3）の結果とフーリエ変換の対称性から，

$$\frac{\sin(2\pi f_0 t)}{\pi t} \Longleftrightarrow p_{f_0}(f) \tag{6.45}$$

という結果が得られる **図6-15**。

図6-15 サンプリング関数（の定数倍）のフーリエ変換対

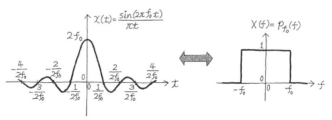

(例 6) パルス被変調波信号 $p_{t_0}(t)\cos(2\pi f_m t)$

（例 3）と式（6.28）からわかるように，

$$p_{t_0}(t)\cos(2\pi f_m t)$$
$$\Longleftrightarrow \frac{\sin\{2\pi(f+f_m)t_0\}}{2\pi(f+f_m)} + \frac{\sin\{2\pi(f-f_m)t_0\}}{2\pi(f-f_m)} \quad (6.46)$$

となる 図6-16 。

図6-16 パルス被変調波信号

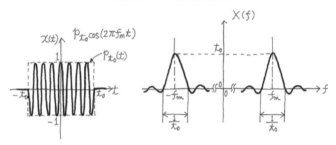

(例 7) 時間のずれた 2 つのパルスの和 $p_{t_0}(t+3t_0)+p_{t_0}(t-3t_0)$

図6-17 に破線で示す $p_{t_0}(t)$ を基準として，$p_{t_0}(t+3t_0)$ は $p_{t_0}(t)$ を $3t_0$［秒］だけ進めた（左へ平行移動した）波形，また $p_{t_0}(t-3t_0)$ は $p_{t_0}(t)$ を $3t_0$［秒］だけ遅らせた（右へ平行移動した）波形である。（例 4）において $\tau=-3t_0, 3t_0$ を代入すれば，フーリエ変換対は，

$$p_{t_0}(t+3t_0)+p_{t_0}(t-3t_0)$$
$$\Longleftrightarrow \frac{\sin(2\pi f t_0)}{\pi f}e^{j6\pi f t_0} + \frac{\sin(2\pi f t_0)}{\pi f}e^{-j6\pi f t_0}$$

であり，さらにオイラーの公式より，

第 6 章 フーリエ変換のらくらく計算テクニックを知ろう！

図6-17 時間のずれた 2 つの波形の和

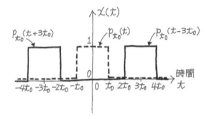

$$\frac{\sin (2\pi f t_0)}{\pi f} (e^{j6\pi f t_0} + e^{-j6\pi f t_0})$$

$$= \frac{\sin (2\pi f t_0)}{\pi f} [\{\cos (6\pi f t_0) + j \sin (6\pi f t_0)\}$$
$$+ \{\cos (6\pi f t_0) - j \sin (6\pi f t_0)\}]$$

$$= \frac{2 \sin (2\pi f t_0)}{\pi f} \cos (6\pi f t_0)$$

と表されるので，最終的に次のように計算される．

$$p_{t_0}(t+3t_0) + p_{t_0}(t-3t_0)$$
$$\Longleftrightarrow \frac{2 \sin (2\pi f t_0)}{\pi f} \cos (6\pi f t_0) \tag{6.47}$$

(例 8) 図6-18(a) の正負対パルス $p_{t_0/2}\left(t+\frac{t_0}{2}\right) - p_{t_0/2}\left(t-\frac{t_0}{2}\right)$
（例 7）と同様の計算により，

$$p_{t_0/2}\left(t+\frac{t_0}{2}\right) - p_{t_0/2}\left(t-\frac{t_0}{2}\right) \Longleftrightarrow j\frac{2 \sin^2 (\pi f t_0)}{\pi f} \tag{6.48}$$

とフーリエ変換対が求められる 図6-18(b)．

図6-18 正負対パルス

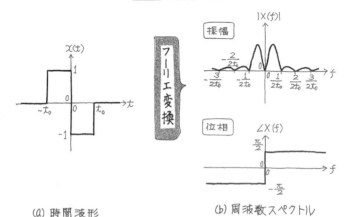

(a) 時間波形　　(b) 周波数スペクトル

(例9) 図6-19(a)の三角パルス波 $q_{t_0}(t)$

まず，図6-18の $p_{t_0/2}\left(t+\dfrac{t_0}{2}\right) - p_{t_0/2}\left(t-\dfrac{t_0}{2}\right)$ を t_0 で割った波形 図6-19(b) を積分すると，三角パルス波 $q_{t_0}(t)$ になることを確認してもらいたい。ゆえに，式 (6.48) と式 (6.36) を適用

図6-19 正負対パルス波を積分すると

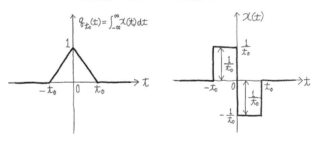

(a) 三角パルス波　　(b) 正負対パルス

第6章 フーリエ変換のらくらく計算テクニックを知ろう！

図6-20 三角パルス波 $q_{t_0}(t)$ の周波数スペクトル

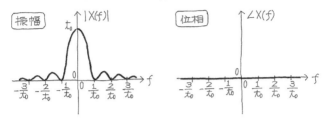

して，

$$q_{t_0}(t) \Longleftrightarrow \frac{\sin^2(\pi f t_0)}{t_0(\pi f)^2} \tag{6.49}$$

となる 図6-20 。

＼ナットク／の例題 6-2

次の関数の逆フーリエ変換を求めよ．

① $X(f) = \dfrac{A \sin [2\pi T_0(f-f_0)]}{\pi(f-f_0)}$

② $X(f) = \dfrac{Ae^{-j2\pi f} \sin^2 [\pi T_0(f-f_0)]}{[\pi(f-f_0)]^2}$

答えはこちら

いずれも，6.4 節の周波数偏移を適用する．

① フーリエ変換 $\dfrac{A \sin (2\pi f T_0)}{\pi f}$ を有する時間波形は，式 (6.43) より $Ap_{T_0}(t)$ である．次に，周波数移動の式 (6.26) より $Ap_{T_0}(t)e^{j2\pi f_0 t}$ と求められる．

② 題意の周波数スペクトルを，

$$X(f) = T_0 e^{-j2\pi f} \frac{A \sin^2 [\pi T_0(f-f_0)]}{T_0[\pi(f-f_0)]^2}$$

と変形する．フーリエ変換 $\dfrac{A \sin^2 (\pi f T_0)}{T_0(\pi f)^2}$ を有する時間波形は，

式 (6.49) より，$Aq_{T_0}(t)$ である。次に周波数移動の式 (6.26) より，$Aq_{T_0}(t)e^{j2\pi f_0 t}$ となり，さらに式 (6.22) を適用して $\tau=1$ なので，最終的に，$AT_0 q_{T_0}(t-1)e^{j2\pi f_0(t-1)}$ と求められる。

(例10) 図6-21(a) の符号関数 sgn (t)

符号関数は，

$$\mathrm{sgn}\,(t) = \begin{cases} 1 & ; t > 0 \\ 0 & ; t = 0 \\ -1 & ; t < 0 \end{cases} \tag{6.50}$$

で与えられ（sgn は「シグナム」と読む），図6-21(a) からも明らかなように奇関数で，反対称波形である（$\mathrm{sgn}\,(-t) = -\mathrm{sgn}\,(t)$）。反対称波形のフーリエ変換は純虚数となるので実数部 $R(f) = 0$ である。このことを前提に，結論を先に示すと，符号関数 sgn (t) のフーリエ変換対は，

図6-21 符号関数 sgn (t)

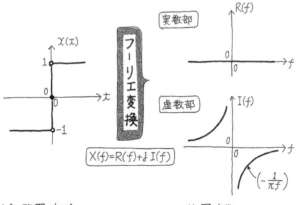

(a) 時間波形　　　　(b) 周波数スペクトル

第6章 フーリエ変換のらくらく計算テクニックを知ろう！

$$\text{sgn}(t) \Longleftrightarrow \frac{1}{j\pi f} = -j\frac{1}{\pi f} \tag{6.51}$$

である 図6-21(b)。事実，$\frac{1}{j\pi f}$ の逆フーリエ変換 $x(t)$ は定義式より，

$$\begin{aligned}
x(t) &= \mathcal{F}^{-1}\left\{\frac{1}{j\pi f}\right\} = \int_{-\infty}^{\infty} \frac{1}{j\pi f} e^{j2\pi ft} \mathrm{d}f \\
&= \int_{-\infty}^{\infty} \frac{1}{j\pi f} \{\cos(2\pi ft) + j\sin(2\pi ft)\} \mathrm{d}f \\
&= \underbrace{-j\int_{-\infty}^{\infty} \frac{\cos(2\pi ft)}{\pi f} \mathrm{d}f}_{0} + \int_{-\infty}^{\infty} \frac{\sin(2\pi ft)}{\pi f} \mathrm{d}f \\
&= 2\int_{0}^{\infty} \frac{\sin(2\pi ft)}{\pi f} \mathrm{d}f \tag{6.52}
\end{aligned}$$

となる。なぜなら，周波数変数 f に対して，$\frac{\cos(2\pi ft)}{\pi f}$ は偶関数，$\frac{\sin(2\pi ft)}{\pi f}$ は奇関数だからである（**計算のツボ 6-1** を参照）。

次に，式 (6.52) を，

$$x(t) = \frac{2}{\pi} \int_{0}^{\infty} \frac{\sin(2\pi ft)}{2\pi f} \mathrm{d}(2\pi f) \tag{6.53}$$

と変形し，$2\pi f = y$ とおけば，

$$\int_{0}^{\infty} \frac{\sin y}{y} \mathrm{d}y = \frac{\pi}{2} \tag{6.54}$$

となることが知られているので，この関係を式 (6.53) に適用すれば，

$$x(t) = \begin{cases} 1 & ; t > 0 \\ 0 & ; t = 0 \\ -1 & ; t < 0 \end{cases} \tag{6.55}$$

となる。これにより，式 (6.50) の sgn (t) に一致することが導かれ，式 (6.51) のフーリエ変換対の妥当性が検証された。

 **偶関数と奇関数の積分**

まず，次の偶関数 $x_{偶}(t)$ の積分を求めてみよう。

$$\int_{-a}^{a} x_{偶}(t) \mathrm{d}t = \int_{-a}^{0} x_{偶}(t) \mathrm{d}t + \int_{0}^{a} x_{偶}(t) \mathrm{d}t$$
$$= \int_{-a}^{0} x_{偶}(-t) \mathrm{d}t + \int_{0}^{a} x_{偶}(t) \mathrm{d}t \tag{6.56}$$

ここで，偶関数の性質 $(x_{偶}(-t) = x_{偶}(t))$ を利用して，$-t = u$ とおけば $\mathrm{d}t = -\mathrm{d}u$ であり，式 (6.56) の右辺第 1 項は，

$$\int_{-a}^{0} x_{偶}(-t) \mathrm{d}t = \int_{a}^{0} x_{偶}(u)(-\mathrm{d}u) = -\int_{a}^{0} x_{偶}(u) \mathrm{d}u$$
$$= \int_{0}^{a} x_{偶}(u) \mathrm{d}u$$

となるので，式 (6.56) の積分値は，

$$\int_{-a}^{a} x_{偶}(t) \mathrm{d}t = 2 \int_{0}^{a} x_{偶}(t) \mathrm{d}t \tag{6.57}$$

と表される。この結果から，原点を中心として対称の区間 $[-a, a]$ で偶関数を積分すると，その値が区間 $[0, a]$ の積分値の 2 倍に等しくなることがわかる。

次に，奇関数 $x_{奇}(t)$ の積分を求めてみよう。

$$\int_{-a}^{a} x_{奇}(t) \mathrm{d}t = \int_{-a}^{0} x_{奇}(t) \mathrm{d}t + \int_{0}^{a} x_{奇}(t) \mathrm{d}t$$
$$= \int_{-a}^{0} \{-x_{奇}(-t)\} \mathrm{d}t + \int_{0}^{a} x_{奇}(t) \mathrm{d}t \tag{6.58}$$

ここで，奇関数の性質 $(x_{奇}(-t) = -x_{奇}(t))$ を利用して，$-t = u$ とおけば $\mathrm{d}t = -\mathrm{d}u$ であり，式 (6.58) の右辺第 1 項は，

$$\int_{-a}^{0} \{-x_{奇}(-t)\} \mathrm{d}t = -\int_{a}^{0} x_{奇}(u)(-\mathrm{d}u) = \int_{a}^{0} x_{奇}(u) \mathrm{d}u$$
$$= -\int_{0}^{a} x_{奇}(u) \mathrm{d}u$$

となるので，式 (6.58) の積分値は，

第 6 章　フーリエ変換のらくらく計算テクニックを知ろう！

$$\int_{-a}^{a} x_{奇}(t)\mathrm{d}t = -\int_{0}^{a} x_{奇}(t)\mathrm{d}t + \int_{0}^{a} x_{奇}(t)\mathrm{d}t = 0 \quad (6.59)$$

となる。この結果から，原点を中心として対称の区間 $[-a, a]$ で奇関数を積分すると，その値が 0 となることがわかる。

（例 11） 図6-22(a) のステップ波形 $u(t)$

1 [V] の電圧をもつ直流電源のスイッチを $t=0$ [秒] で投入したときに得られる波形を**ステップ波形**（階段状波形。初めて提唱したイギリスの電気工学者の名にちなんで，ヘビサイド関数ともいう）といい，記号 $u(t)$ で表す。すなわち，

$$u(t) = \begin{cases} 1 & ; t > 0 \\ \dfrac{1}{2} & ; t = 0 \\ 0 & ; t < 0 \end{cases} \quad (6.60)$$

である。まず，ステップ波形は符号関数 sgn (t) の 1/2 と定

図6-22 ステップ波形 $u(t)$

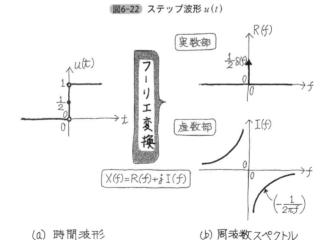

(a) 時間波形　　　(b) 周波数スペクトル

数 1/2 の和として書き表すことができる。

$$u(t) = \frac{1}{2} + \frac{1}{2}\,\text{sgn}\,(t) \tag{6.61}$$

ゆえに，(例1) の式 (6.41) に $f_m=0$ を代入して得られる，
$$1 \Longleftrightarrow \delta(f) \tag{6.62}$$
で表される関係と (例10) の結果を用いて，ステップ波形 $u(t)$ の周波数スペクトル $U(f)$ は，

$$u(t) \Longleftrightarrow U(f) = \frac{1}{j2\pi f} + \frac{1}{2}\delta(f) \tag{6.63}$$

となるフーリエ変換対で表される 図6-22(b)。

＼ナットク／の例題 6-3

次の波形のフーリエ変換を求めよ 図6-23。
① ステップ変調波形　$Au(t)\cos(2\pi f_0 t)$
② 指数関数波形　　　$Au(t)e^{-\alpha t}$ ； $\alpha > 0$

図6-23 例題 6-3 の時間波形

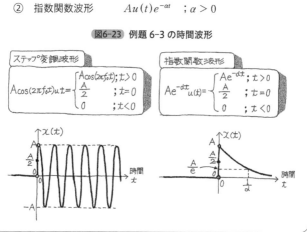

第6章 フーリエ変換のらくらく計算テクニックを知ろう！

答えはこちら

① 式 (6.28) と式 (6.63) を適用する。

$$\mathcal{F}\{u(t)\cos(2\pi f_0 t)\} = \frac{1}{2}U(f-f_0) + \frac{1}{2}U(f+f_0)$$
$$= \frac{1}{2}\left[\frac{1}{j2\pi(f-f_0)} + \frac{1}{2}\delta(f-f_0)\right]$$
$$+ \frac{1}{2}\left[\frac{1}{j2\pi(f+f_0)} + \frac{1}{2}\delta(f+f_0)\right]$$
$$= \frac{1}{4}[\delta(f-f_0)+\delta(f+f_0)] + \frac{jf}{2\pi(f_0^2 - f^2)} \quad (6.64)$$

② フーリエ変換の定義式より，

$$\mathcal{F}\{u(t)e^{-\alpha t}\} = \int_{-\infty}^{\infty} e^{-\alpha t}u(t)e^{-j2\pi ft}dt = \int_{0}^{\infty} e^{-(\alpha+j2\pi f)t}dt$$
$$= \left[-\frac{1}{\alpha+j2\pi f}e^{-j(\alpha+j2\pi f)t}\right]_{t=0}^{t=\infty}$$
$$= \frac{1}{\alpha+j2\pi f} \quad (6.65)$$

図6-24 例題 6-3 の周波数スペクトル

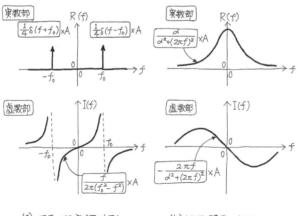

(a) ステップ変調波形　　(b) 指数関数波形

と求まるので,すべてのフーリエ変換値を A 倍すればよい 図6-24 。

(例12) 図6-25 のディジタル信号波形

画像,音声,制御などのアナログ信号は,コンピュータの発達した現在では,サンプリングによりディジタルな数値に変換されるのが一般的だ。波形は連続な関数ではなく,コンピュータにとって処理しやすい,とびとびの数値の列(数値系列)に取って代わられることになる。

ディジタル信号波形はとびとびなので,デルタ関数 $\delta(t)$ を用いて,

$$x(0)\delta(t)+x(\Delta t)\delta(t-\Delta t)+x(2\Delta t)\delta(t-2\Delta t)$$
$$+x(3\Delta t)\delta(t-3\Delta t)+\cdots \tag{6.66}$$

と書き表される 図6-25 。ここで,時間 $k\Delta t$ だけ遅延したデルタ関数のフーリエ変換対は,式(6.22)の時間遅延を式

図6-25 ディジタル信号波形の表現

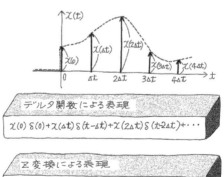

(6.62) に施して
$$\delta(t-k\Delta t) \Leftrightarrow e^{-j2\pi fk\Delta t} \tag{6.67}$$
と表せる。したがって，式 (6.66) をフーリエ変換すると
$$x(0)+x(\Delta t)e^{-j2\pi f\Delta t}+x(2\Delta t)e^{-j4\pi f\Delta t} \\ +x(3\Delta t)e^{-j6\pi f\Delta t}+\cdots \tag{6.68}$$
が得られることがわかる（線形性により）。

ここで，式 (6.67) で出てきた $e^{-j2\pi fk\Delta t}$ で $k=1$ の場合，つまりサンプリング間隔 Δt ［秒］だけ遅らせるフーリエ変換 $e^{-j2\pi f\Delta t}$ を
$$e^{-j2\pi f\Delta t} = z^{-1} \tag{6.69}$$
と表すことにすると，式 (6.68) は
$$x(0)+x(\Delta t)z^{-1}+x(2\Delta t)z^{-2} \\ +x(3\Delta t)z^{-3}+\cdots \tag{6.70}$$
と書き表すことができる。この表記法は **z変換** と呼ばれ，ディジタル信号を取り扱うときの便利な数学的表現として，よく利用されている。

＼ナットク／の例題 6-4

図6-26 に示す波形 $x(t)$ のフーリエ変換を求めよ。

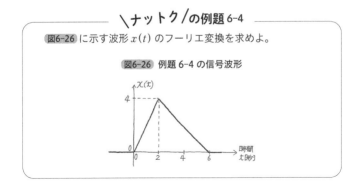

図6-26 例題 6-4 の信号波形

答えはこちら

図6-27 に，波形 $x(t)$ の時間微分 $\dfrac{\mathrm{d}x(t)}{\mathrm{d}t}$, $\dfrac{\mathrm{d}^2 x(t)}{\mathrm{d}t^2}$ を示す。

2階微分は，

$$\frac{\mathrm{d}^2 x(t)}{\mathrm{d}t^2} = 2\delta(t) - 3\delta(t-2) + \delta(t-6)$$

となる。

$$\frac{\mathrm{d}^2 x(t)}{\mathrm{d}t^2} \Leftrightarrow (j2\pi f)^2 X(f)$$

で表される関係（**6.5節**の時間微分を参照）と（例12）の結果（式(6.68)で $\Delta t = 1$ ［秒］）とを用いて，

$$\begin{aligned}-(2\pi f)^2 X(f) &= 2 - 3e^{-j(2\pi f)\times 2} + e^{-j(2\pi f)\times 6} \\ &= 2 - 3e^{-j4\pi f} + e^{-j12\pi f}\end{aligned}$$

であり，

$$\frac{\mathrm{d}^2 x(t)}{\mathrm{d}t^2} = \frac{-2 + 3e^{-j4\pi f} - e^{-j12\pi f}}{(2\pi f)^2}$$

と求まる。

図6-27 例題6-4の信号波形の時間微分

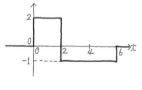
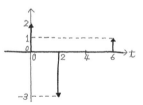

(a) 1階微分　　　(b) 2階微分

第7章

システム解析の万能ツール，フーリエ変換を使いこなそう！

何にでも応用できる信号解析テクニック

図7-1 システムの特性を調べてみる

　これまでは，信号の基本的な性質，特に変数を時間 t とした時間領域の関数 $x(t)$ と，周波数変数 f による周波数領域の関数 $X(f)$ との対応関係に焦点を置いて説明をしてきた。本章では，これまでの内容を基礎とし，応用面を強く意識しつつ，システムの信号の入出力応答について述べることにしよう。

　私たちがいま学んでいるような信号処理の技術を利用すると，力学，経済，回路，制御などの多種多様なシステムを巧妙に解析することができる。このようなシステムはほとんどの場合，信号の流れが 図7-1 のように表される。つまり，$x(t)$ という信号があるシステム——たとえば電子回路——に入力されたとき，この入力信号はブラック・ボックスを通過することによって $y(t)$ という信号として出力される。この一見，とらえどころのないブラック・ボックスで表されるシステムの特性を明らかにすることが，本章で述べる「システム解析へのアプローチ」なのである。

第7章 システム解析の万能ツール,フーリエ変換を使いこなそう!

7.1 フーリエ変換によるシステム解析へのアプローチ

◆よい音を聞くために

「ジャジャジャジャーン」というと,ご存じベートーベンの『運命』の出だしだ。このような音楽をオーディオで聞くとき,低音を特に重々しく響かせたいと思ったら,アンプの周波数特性を低音(低周波数)の信号に振ってやればよい。すなわち,低い周波数の波(システムの中では電流の波)に,ある種の重みづけをする——具体的には,振幅を大きくして強度を上げる——のである。オーディオ機器の「音質つまみ」は,特にこのような周波数特性を変化させるためのものである 図7-2 。

聞くほうはつまみを回すだけでよいのだが,たとえばアン

図7-2 オーディオ機器とシステム解析

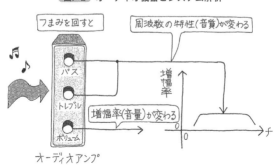

図7-3 音声発生・認識のモデル

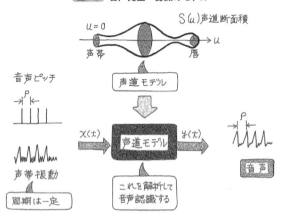

プの設計段階で生じる,「入力と出力の信号を測定して得られる2つのデータを頼りに,アンプの周波数特性がどう表せるか」などという課題は,システム解析の一つである。この課題に対する答えを得ようとすると,必然的に入出力信号とシステムの特性がどのように関係づけられるかを知らなくてはならない。その際,フーリエ変換は重要な解析ツールであり,それによって信号のもつ周波数成分の分析が可能になる。

ところで,音声(一定の周波数で振動する空気の波が,声道の断面積の変化によって声道の中でいろいろに反射して,口から声として発せられる)の認識も同様だ。音声認識とは,発せられた音声がどんな言葉に相当するのかを,人間に代わってコンピュータに認識させようという試みである。これは,人間の喉から唇に至る声道と呼ばれるシステムを解析することに等価である **図7-3**。したがって,声帯の振動の周波数と声道の形状さえわかれば,口から発せられた音声を認

第7章 システム解析の万能ツール,フーリエ変換を使いこなそう!

識できるはずだ.実はこうした問題に対して,フーリエ変換が果たす役割は非常に大きいのである.

そのほか,機械的振動や電気信号などの物理系信号の解析,ロボット制御,経済予測なども,いったん 図7-1 のような関係にシステムを表現できれば,フーリエ変換などのシステム解析ツールを用いることにより,問題解決への糸口が見つかる可能性があるというわけだ.

7.2 システムの信号伝送解析とフーリエ変換

◆最適な出力を実現するには

ここでは,あるシステムが信号波形をどのくらい忠実に送れるかという特性について考えていこう.たとえば回路や制御などのシステムの周波数特性が与えられているとき,入力と出力の関係を考察したり,逆に入出力条件を与えて最適なシステムの周波数特性を求めたりしてみるのである.

いま,信号を伝送しようとするシステムについて,まったく特性がわからない(ブラック・ボックスである)ときには,入力と出力だけを観測して,適当な方法でその特性を推定しなければならない.

(1) 静的な条件(時間変化しない静止状態)で測定する場合

値の異なる入力 x を何個か与えて,各入力に対する出力 y

図7-4 システムの静特性

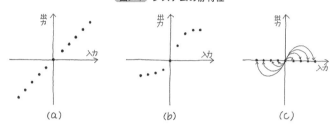

の値を測定した結果を 図7-4 のように表せばよい。

図7-4(a) のように比例するならば，このシステムは入出力が「比例関係をもつ」，あるいは「線形である」という。このとき，定数 K を使って，

$$y = Kx \tag{7.1}$$

と表される。

しかし，この静特性が 図7-4(b) のように湾曲しているときは，このシステムは「非線形である」といわれ，出力にひずみを与える原因になる。

 非線形とは，アナログ信号を扱う中で音などの信号波形がもとの信号波形と等しくない状態をいい，オーディオでは波形の形状がくずれて再現されるため，音質が変わってしまうなどの劣化要因となる。

(2) 動的な条件（実際の動作状態）で測定する場合

図7-4(c) のように，静的条件で測定すると入力 x の値のいかんにかかわらず出力 y が0になって，一見すると入力と出力が切り離されていると思われるシステムでも，入力 x の値

第7章 システム解析の万能ツール，フーリエ変換を使いこなそう！

を変化させると，その瞬間だけ出力 y の値も変化してすぐに 0 に戻るような特性をもっていることがある．このようなシステムについては，入力 x として，時間変化する正弦波，

$$x(t) = \cos(2\pi ft) \tag{7.2}$$

を与えて，出力 y の値を求めるために，

$$y(t) = A\cos(2\pi ft + \phi) \tag{7.3}$$

の振幅 A と位相 ϕ を測定する．このように時間変化する信号を印加した状態の特性を，静特性に対して動特性と呼ぶ．

 厳密には，この方法では必ずしも動的条件で測定しているとはいえないが，それについては深く立ち入らないことにする．

これら 2 つのパラメータ（振幅 A と位相 ϕ）の測定を，周波数を変えて行い，

$$|A(f)|, \phi(f) \tag{7.4}$$

を求めれば，システムの周波数特性が，複素数表示（極座標）を用いて，

$$A(f) = |A(f)|e^{j\phi(f)} \tag{7.5}$$

と表せることがわかる．

この動特性においても，静特性と同様に線形と非線形の場合がもちろんある．システムが線形であるということは，入力の振幅を小さな値から大きな値まで変えて測定すると，出力の振幅 $|A(f)|$ は入力に比例するが，位相 $\phi(f)$ は入力の大きさには無関係なことを意味する．したがって，このような線形な周波数特性をもつシステムに，

$$x(t) = X_0 \cos(2\pi f_0 t) \tag{7.6}$$

という周波数 f_0 [Hz] の正弦波を入力したら，その出力 $y(t)$

図7-5 線形システムの動特性

は次のようになる 図7-5 。

$$y(t) = |A(f_0)|X_0 \cos(2\pi f_0 t + \phi(f_0)) \tag{7.7}$$

なお，式 (7.7) を，

$$y(t) = |A(f_0)|X_0 \cos\left\{2\pi f_0\left(t + \frac{\phi(f_0)}{2\pi f_0}\right)\right\} \tag{7.8}$$

と変形すれば，

$$\frac{\phi(f_0)}{2\pi f_0} \;[\text{秒}] \tag{7.9}$$

は入力と出力の時間差を表す。式 (7.9) の値が正（＋）のときは「出力 $y(t)$ は入力 $x(t)$ より進んでいる」，負（−）のときは「出力 $y(t)$ は入力 $x(t)$ より遅れている」という。このことは**第 2 章**で説明したとおりだ。

 この関係が成立しないとき，すなわち $|A(f_0)|$ が入力の大きさ X_0 と比例しなかったり，$\phi(f_0)$ が X_0 に関係があったりするシステムを非線形であるという。厳密にいえば，実際のシステムはほとんど全部が非線形なのだが，近似的には線形とみなしてもかまわない場合が多い。たいていは理論的な取り扱いの容易な線形システムとみなす。

第 7 章 システム解析の万能ツール，フーリエ変換を使いこなそう！

ナットク の例題 7-1

図7-6 のような周波数特性の線形システムに入力 $x(t)$ として，
$$x(t) = X_1 \cos(20\pi t) + X_2 \cos(40\pi t) + X_3 \cos(80\pi t)$$
を与えたときの出力 $y(t)$ を求めよ。また，周波数ごとに時間差を示せ。

図7-6 システムの周波数特性（例題 7-1）

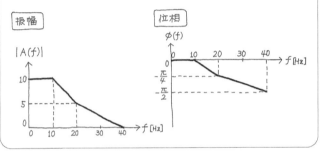

答えはこちら

まず，3 つの周波数を f_1, f_2, f_3 [Hz] とすれば，
$$x(t) = X_1 \cos(2\pi f_1 t) + X_2 \cos(2\pi f_2 t) + X_3 \cos(2\pi f_3 t)$$
と表せるので，たとえば，$X_1 \cos(20\pi t)$ より，
$$2\pi f_1 t = 20\pi t \to f_1 = 10 \text{ [Hz]}$$
となる。ほかも同様に，$f_2 = 20$ [Hz]，$f_3 = 40$ [Hz] である。このとき，各周波数における振幅 $|A(f_k)|$（入力を何倍して出力するかを表す）と位相 $\phi(f_k)$（入力と出力のずれ）を 図7-6 より読み取れば，

$$\begin{cases} f_1 = 10 \text{ [Hz]} \to 振幅 |A(10)| = 10, \quad 位相 \phi(10) = 0 \\ f_2 = 20 \text{ [Hz]} \to 振幅 |A(20)| = 5, \quad 位相 \phi(20) = -\frac{\pi}{4} \\ f_3 = 40 \text{ [Hz]} \to 振幅 |A(40)| = 0, \quad 位相 \phi(40) = -\frac{\pi}{2} \end{cases}$$

である。以上より，
$$\begin{aligned} y(t) = &|A(10)| X_1 \cos\{20\pi t + \phi(10)\} \\ &+ |A(20)| X_2 \cos\{40\pi t + \phi(20)\} \end{aligned}$$

$$+|A(40)|X_3\cos\{80\pi t+\phi(40)\}$$
$$=10X_1\cos(20\pi t)+5X_2\cos\left(40\pi t-\frac{\pi}{4}\right)$$

と出力が表される。

また,時間差は式(7.9)でも計算できるが,上式を,
$$y(t)=10X_1\cos(20\pi t)+5X_2\cos\left\{40\pi\left(t-\frac{1}{160}\right)\right\}$$
と変形して,
$$\begin{cases} f_1=10\ [\mathrm{Hz}] \to 時間差 = 0 \\ f_2=20\ [\mathrm{Hz}] \to 時間差 = -\dfrac{1}{160}\ [秒] \\ \left(\dfrac{1}{160}\ [秒]\ 遅れている\right) \end{cases}$$
となる。

7.3 波形応答に関するシステムの基本的性質

◆「線形作用素」って何だ?

まず前提として,線形性,時不変性,安定性,因果性など,波形応答に関するシステムの基本的なことがらを説明するとともに,ここで扱うシステムの範囲を明確にすることから始めよう。

一般に,システムは入力信号に作用し,これに変化を与えて出力信号とするものである。したがって,数学的にはシステムを作用素(または演算子,英語ではオペレータ)と考え

第7章 システム解析の万能ツール，フーリエ変換を使いこなそう！

ることができる。そこで作用素を $\mathcal{L}$ で表し，入力信号を $x(t)$，出力信号を $y(t)$ とすれば，

$$y(t) = \mathcal{L}[x(t)] \tag{7.10}$$

と書ける。

 この関係式 (7.10) は単に，入力 $x(t)$ がシステムによって何らかの変化を受けて出力 $y(t)$ になることを表しているにすぎない。したがって，いかなる種類のシステム，いかなる入力信号についても成り立つことはもちろんである。

(1) 線形性 (linearity)

いま，あるシステムについて 2 つの異なる入力 $x_1(t)$，$x_2(t)$ を入れたときの出力をそれぞれ $y_1(t), y_2(t)$ としよう。すなわち，

$$y_1(t) = \mathcal{L}[x_1(t)], y_2(t) = \mathcal{L}[x_2(t)] \tag{7.11}$$

であるとき，任意の定数 a_1, a_2 に対して，

$$\begin{aligned}\mathcal{L}[a_1 x_1(t) + a_2 x_2(t)] &= a_1 \mathcal{L}[x_1(t)] + a_2 \mathcal{L}[x_2(t)] \\ &= a_1 y_1(t) + a_2 y_2(t)\end{aligned} \tag{7.12}$$

が成り立つならば，このシステムは「線形（リニア）である」，あるいは「線形性を有する」といわれる。

(2) 時不変性 (time invariance)

時間が経っても，同じ入力信号に対しては同じ出力が得られることを，そのシステムは「時不変性を有する」という。すなわち，τ [秒] だけ遅れた入力 $x(t-\tau)$ をシステムに加えたとき，

$$y(t-\tau) = \mathcal{L}[x(t-\tau)] \tag{7.13}$$

を満たす出力が得られるということである。

(3) 安定性 (stability)

入力 $x(t)$ が有限の値であるとき，システムの出力 $y(t)$ も有限の値であるならば，そのシステムは（発散しないという意味で）「安定である」という。数式で表現すると，

$$|x(t)| < x_{\max} \Rightarrow |y(t)| < K x_{\max} \tag{7.14}$$

となる。ただし，K は入力に関係しない正の定数である。

(4) 因果性 (causality)

「因果」という言葉は仏教に由来し（因果応報などといいますね），結果 $y(t)$ が原因 $x(t)$ よりも先んじて起こることはない，という性質である。入力がないときには，出力もされないということであり，つまり，入力 $x(t)$ を加える以前には，出力 $y(t)$ は生じないという意味なので，

$$x(t) = 0 \ (t < 0) \Rightarrow y(t) = 0 \ (t < 0) \tag{7.15}$$

と数式表現される。

以上述べた線形性，時不変性，安定性，因果性というシステム（これ以後，線形システムと表記）の基本的性質のうち，本書では因果性については問わないものとする。なぜなら，因果性を満足しないシステムを解析した結果から，実現可能なシステムの解析，合成を行うにあたっての有用な知見が多数得られるからである。

7.4 入出力信号の関係とコンボルーション

◆まずは部分波形で考える

それでは，線形システムの入力信号と出力信号との関係は，いったいどのように表されるのか，考えてみよう．少なくとも簡単な和や積の形では無理そうなので，まずは入力信号を細かく分解し，分解された部分波形のそれぞれに対する応答を調べることから開始しよう．

まず，入力信号を 図7-7 のように多数の縦長の細いパルス信号に分解することを考える．仮に，解析対象とするシステムに，高さが1で幅 Δt の方形パルスが入力されたとしよう．この入力信号を，

図7-7 入力信号を細かく分解して考えてみる

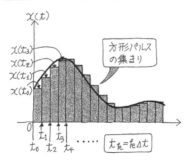

図7-8 一つの方形パルスだけ考えてみる

$$s(t) = \begin{cases} 1 & ; 0 \leq t \leq \Delta t \\ 0 & ; t < 0, \Delta t < t \end{cases} \tag{7.16}$$

と表し，この信号に対する応答（出力といっても同じ）が，

$$\tilde{h}(t) \ (t \geq 0) \tag{7.17}$$

であったとする 図7-8 。

それでは，時刻 $t=t_0=0$ において，高さが $x(t_0)$ で幅 Δt の方形パルスをシステムに加えてみる 図7-9 。すると，入力信号は $s(t)$ を $x(t_0)$ 倍したものなので，その出力も $\tilde{h}(t)$ を $x(t_0)$ 倍したものとなり，出力信号は $x(t_0)\tilde{h}(t)$ と表される。

次に，$t=t_1=\Delta t$ において，高さが $x(t_1)$ で幅 Δt の方形パルスが加わったときの出力信号を表してみよう。入力信号が t_1 だけ遅れているので，

$$x(t_1)s(t-t_1) \tag{7.18}$$

と表される。また，出力信号も t_1 だけ遅れて，その大きさは $x(t_1)$ 倍されるので，

第7章 システム解析の万能ツール,フーリエ変換を使いこなそう!

表7-1 入出力信号の方形パルスによる表現

時刻 t [秒]	入力信号 $x(t)$	出力信号 $y(t)$
$t_0 = 0$	$x(t_0)s(t-t_0)$	$x(t_0)\tilde{h}(t-t_0)$
$t_1 = \Delta t$	$x(t_1)s(t-t_1)$	$x(t_1)\tilde{h}(t-t_1)$
$t_2 = 2\Delta t$	$x(t_2)s(t-t_2)$	$x(t_2)\tilde{h}(t-t_2)$
$\vdots$	$\vdots$	$\vdots$
$t_k = k\Delta t$	$x(t_k)s(t-t_k)$	$x(t_k)\tilde{h}(t-t_k)$
$\vdots$	$\vdots$	$\vdots$

$$x(t_1)\tilde{h}(t-t_1) \tag{7.19}$$

と表される。

このように考えていくと,$t=t_k=k\Delta t\ (k=2,3,4,\cdots)$ でも同様だから,式(7.18)や式(7.19)の結果を時間の各点ごとにまとめれば,**表7-1**のようになるだろう。

本来の入力信号 $x(t)$ は曲線だが,これを幅 Δt の細かい"たんざく"状の方形パルスの集まりとして,近似的に表現しようとしていたことを思い出そう。方形パルスの集まりというのは,総和 ($\sum$) にほかならないから,入力信号 $x(t)$ は,

$$x(t) \fallingdotseq \sum_{k=0}^{\infty} x(t_k)s(t-t_k) \quad ; t_k = k\Delta t \tag{7.20}$$

と近似的に表せることになる。

つまるところ,**一つ一つの"たんざく"状の方形パルスに対する,それぞれの応答波形を加算したものが,最終的な出力信号になる**というふうに考えることができるのだ。

したがって,出力信号 $y(t)$ は近似的に,

$$y(t) \fallingdotseq \sum_{k=0}^{\infty} x(t_k)\tilde{h}(t-t_k) \quad ; t_k = k\Delta t \tag{7.21}$$

と表せるのである。

図7-9 入出力信号の関係（コンボルーション）

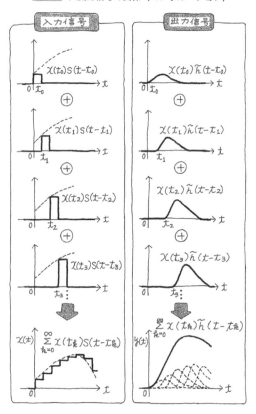

パルスの和として表した入出力信号のこうした事情を図にまとめれば，**図7-9** のように表すことができる。

◆登場！　コンボルーション!!

ここで得られた式 (7.21) は，入力信号を"たんざく"状に

分解したディジタル波形に対する応答であり、アナログ（時間連続）信号に対する出力応答は"たんざく"の幅 Δt を無限小とすることによって得られる。Δt を無限小（$\Delta t \to 0$）とすることで、式 (7.21) は積分の形になる。そこで、積分変数 t_k を τ とおき、

$$x(t_k) \to x(\tau), \tilde{h}(t-t_k) \to h(t-\tau), \Delta t \to d\tau \tag{7.22}$$

という対応づけを行うことで、最終的に入力 $x(t)$ に対するシステムの出力 $y(t)$ は、

$$y(t) = \int_0^\infty x(\tau)h(t-\tau)d\tau \tag{7.23}$$

と表される。

式 (7.23) は、線形システムの入力 $x(t)$ と出力 $y(t)$ の関係を表す重要な式だ。この式は関数 $x(t)$ と $h(t)$ ——インパルス応答——との**コンボルーション**（convolution）と呼ばれている。

コンボルーションには、「重畳積分」、「畳み込み積分」、「合成積」など、いくつかの呼び方がある。本書では、とりあえず「コンボルーション」で統一することにする。

なお、式 (7.23) の積分範囲の下限を $-\infty$ に拡張することで、一般にはコンボルーションを、

$$y(t) = \int_{-\infty}^\infty x(\tau)h(t-\tau)d\tau \tag{7.24}$$

と定義することが多い。このコンボルーションは、しばしば記号「＊」を使って簡単に、

$$y(t) = x(t) * h(t) \tag{7.25}$$

とも書かれる。すなわち応答波形 $y(t)$ は，入力 $x(t)$ とインパルス応答 $h(t)$ とのコンボルーションとして表され，その内容（定義）は式（7.24）のようなものである。また，証明は省略するが，$x(t)$ と $h(t)$ は交換しても同じで，

$$y(t) = \int_{-\infty}^{\infty} h(\tau)x(t-\tau)\mathrm{d}\tau = h(t) * x(t) \tag{7.26}$$

と表せる。

◆コンボルーションの物理的意味

ひとまず，ここではコンボルーションの定義を理解しておいて，コンボルーションのフーリエ変換とその応用は，**7.7節**で改めてとりあげることにする。念のため，コンボルーションの定義式（7.23）の意味の要点をまとめておこう。

$x(t)$ というのが，たとえば「時刻ゼロでスイッチを閉じたときに，ある電気回路に流れる電流の値」を表すものとしよう。$x(\tau)$ は，時刻 τ という一瞬における電流値を指す。そして $h(t-\tau)$ は，時刻 t（つまり，時刻 τ の瞬間から計って，時間 $t-\tau$ だけ経過した時点）における，その電流 $x(\tau)$ に対する回路応答の値である。

スイッチを閉じた時刻ゼロの瞬間からずっと先の未来にわたって，時々刻々の電流値 $x(\tau)$ に回路応答 $h(t-\tau)$ を掛けたうえで，それを積分するというのが，コンボルーションの定義式（7.23）の意味なのだ。**ある瞬間に対する反応だけではなく，時刻ゼロからずっと先にわたって積み重なった反応の総合計を勘定することができる**というのが，コンボルーションの大まかな役割である。

7.5 インパルス入力によるシステム応答解析

◆線形システムを解き明かす道具

線形システムの応答 $y(t)$ が入力 $x(t)$ とパルス出力 $h(t)$ とのコンボルーション（式（7.24），式（7.26））で表せることは示したが，$h(t)$ が何であるかには言及していなかった。この $h(t)$ の正体を解き明かすことが，解析したい線形システムを特徴づける情報を見いだすことにつながるのである。

ところで，コンボルーションを説明する際に登場した「高さが1で，時間幅が Δt」の"たんざく"状の信号を $s(t)$，そして"たんざく"信号に対する応答出力を $\tilde{h}(t)$ とした。

このとき，$s(t)$ は面積 $\Delta t (= 1 \times \Delta t)$ の方形パルスであるので，$s(t)/\Delta t$ は面積1の方形パルスとなる。ここで，パルス幅 Δt を無限小（$\Delta t \to 0$）とすると，$s(t)/\Delta t$ は無限大になり，これは明らかに，

$$\lim_{\Delta t \to 0} \frac{s(t)}{\Delta t} = \delta(t) \tag{7.27}$$

というインパルス波形（あるいは単位インパルス波形，デルタ関数）の定義そのものとなる 図5-15 。

式（7.17）に示したように，入力 $s(t)$ の出力が $\tilde{h}(t)$ であるのだから，方形パルス $s(t)$ の代わりに式（7.27）のインパルス波形 $\delta(t)$ を入力したときの線形システムの応答は，

$$\lim_{\Delta t \to 0} \frac{\widetilde{h}(t)}{\Delta t} = h(t) \tag{7.28}$$

となる。この $h(t)$ は，システムにインパルス波形を入力したときの出力という意味で，**インパルス応答**と呼ばれる。

なお，インパルス応答には，システムのもつ応答特性のすべてが詰まっていることを覚えておいてほしい。なぜなら，インパルス波形とはそもそも，あらゆる周波数の成分波が同じ混合比率で重ね合わせられたものだからである。

◆インパルス応答の実例

インパルス応答出力を知ることで，システム解析が可能となる。これは，私たちが日常よく用いているシステム解析法でもある。

たとえば，茶碗の縁をコツンと叩くと聞こえる音（いわば，

図7-10 インパルス応答とは

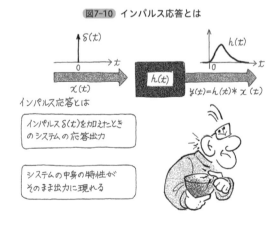

第7章 システム解析の万能ツール，フーリエ変換を使いこなそう！

茶碗のインパルス応答）から，それが割れていないかどうかを調べたり，医者が聴診器で音を聞きながら患者の胸をトントンと叩いて診察するのも，胸部のインパルス応答を見ているわけである 図7-10 。

ナットクの例題 7-2

いま，図7-11(a) に示す CR 回路のインパルス応答 $h(t)$ が，

$$h(t) = \frac{1}{CR}e^{-\frac{1}{CR}t}u(t) = \begin{cases} \frac{1}{CR}e^{-\frac{1}{CR}t} & ; t \geq 0 \\ 0 & ; t < 0 \end{cases}$$

と測定されたとする。この回路に 図7-11(b) の方形波を入力したときの出力を，コンボリューションを利用して求めよ。

図7-11 例題 7-2 の信号波形

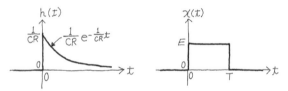

(a) インパルス応答 $h(t)$ 　　(b) 入力 $x(t)$

答えはこちら

コンボリューションの定義（式 (7.24)，式 (7.26)）に基づいて計算する。いずれの定義式による出力計算値も同じであることを確認してもらいたい。

●式 (7.24) による計算

インパルス応答 $h(t)$ を反転して $h(-t)$ を作って，時間をずらしながら式 (7.24) の積分値を求める。そこで，$t<0, 0 \leq t \leq T$，$T<t$ の場合に分けて考える 図7-12 。

$t<0$ のとき

図7-12 コンボルーション（式（7.24））による出力信号の計算

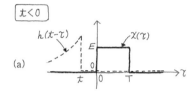

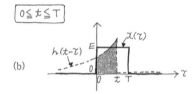

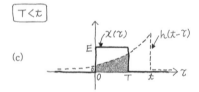

図7-12(a) より明らかに，$y(t) = \int_{-\infty}^{\infty} x(\tau) h(t-\tau) \mathrm{d}\tau = 0$ となる。

$0 \leq t \leq T$ のとき

図7-12(b) より，$y(t) = \int_0^t E\left\{\dfrac{1}{CR} e^{-\frac{1}{CR}(t-\tau)}\right\} \mathrm{d}\tau$ なので，

$$y(t) = \dfrac{E e^{-\frac{1}{CR}t}}{CR}\left[CR e^{\frac{1}{CR}\tau}\right]_{\tau=0}^{\tau=t} = E - E e^{-\frac{1}{CR}t}$$

となる。

$T < t$ のとき

図7-12(c) より，$y(t) = \int_0^T E\left\{\dfrac{1}{CR} e^{-\frac{1}{CR}(t-\tau)}\right\} \mathrm{d}\tau$ なので，

$$y(t) = \dfrac{E e^{-\frac{1}{CR}t}}{CR}\left[CR e^{\frac{1}{CR}\tau}\right]_{\tau=0}^{\tau=T} = E e^{-\frac{1}{CR}(t-T)} - E e^{-\frac{1}{CR}t}$$

$$= E\left(1 - e^{-\frac{T}{CR}}\right) e^{-\frac{1}{CR}(t-T)}$$

第7章 システム解析の万能ツール，フーリエ変換を使いこなそう！

図7-13 コンボリューション（式（7.26））による出力信号の計算

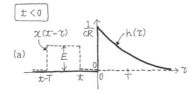

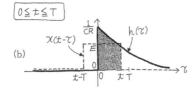

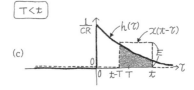

となる。
●式（7.26）による計算

入力信号 $x(t)$ を反転して $x(-t)$ を作って，時間をずらしながら式（7.26）の積分値を求める。そこで，$t<0, 0\leq t\leq T, T<t$ の場合に分けて考える 図7-13 。

$t<0$ のとき

図7-13(a) より明らかに，$y(t)=\int_{-\infty}^{\infty}h(\tau)x(t-\tau)d\tau=0$ となる。

$0\leq t\leq T$ のとき

図7-13(b) より，$y(t)=\int_0^t E\left\{\dfrac{1}{CR}e^{-\frac{1}{CR}\tau}\right\}d\tau$ なので，

$$y(t) = \frac{E}{CR}\left[-CRe^{-\frac{1}{CR}\tau}\right]_{\tau=0}^{\tau=t} = -Ee^{-\frac{1}{CR}t}+E$$

となる。

307

$T < t$ のとき

図7-13(c) より，$y(t) = \int_{t-T}^{t} E\left\{\dfrac{1}{CR} e^{-\frac{1}{CR}\tau}\right\} d\tau$ なので，

$$y(t) = \dfrac{E}{CR}\left[-CR e^{-\frac{1}{CR}\tau}\right]_{\tau=t-T}^{\tau=t} = -E e^{-\frac{1}{CR}t} + E e^{-\frac{1}{CR}(t-T)}$$

$$= E\left(1 - e^{-\frac{T}{CR}}\right) e^{-\frac{1}{CR}(t-T)}$$

となる。

7.6 線形システムの周波数不変性

◆線形・時不変システムの大きな特徴

一般に，システムの出力波形は入力波形の形状とは異なったものとなる。ところが，線形システムに対しては，大きさの変化や時間の遅れは発生するが，出力波形の形状が変わらないような入力が存在する。その形状が不変な入力信号とは，いうまでもなく正弦波である。

入力が正弦波のとき，出力も正弦波であるという性質は，そのシステムが線形性と時不変性の2つの性質（**7.3節**を参照）をもつことを仮定して初めて得られるものであり，線形・時不変なシステムの大きな特徴である。

いま，入力 $x(t)$ を周波数 f_0 [Hz] で振幅1の複素正弦波とすると，

$$x(t) = e^{j2\pi f_0 t} \tag{7.29}$$

と書くことができ，この入力に対する出力 $y(t)$ は，線形シ

ステムの作用素 $\mathcal{L}$ を用いて,
$$y(t) = \mathcal{L}[e^{j2\pi f_0 t}] \tag{7.30}$$
と表される。ここで複素正弦波 $e^{j2\pi f_0 t}$ は,オイラーの公式より $e^{j2\pi f_0 t} = \cos(2\pi f_0 t) + j\sin(2\pi f_0 t)$ と表され,実数部をとれば,
$$\mathfrak{Re}\{e^{j2\pi f_0 t}\} = \cos(2\pi f_0 t) \tag{7.31}$$
となって cos 波形を表す。他方,虚数部をとれば,
$$\mathfrak{Im}\{e^{j2\pi f_0 t}\} = \sin(2\pi f_0 t) \tag{7.32}$$
となって sin 波を表す。

ところで,τ を任意の定数とし,時不変性を用いれば,式 (7.30) は,
$$y(t+\tau) = \mathcal{L}[e^{j2\pi f_0 (t+\tau)}] \tag{7.33}$$
と書ける。次に線形性を適用すれば,τ は定数なので
$$\mathcal{L}[e^{j2\pi f_0(t+\tau)}] = \mathcal{L}[e^{j2\pi f_0 \tau} \cdot e^{j2\pi f_0 t}] = e^{j2\pi f_0 \tau}\underbrace{\mathcal{L}[e^{j2\pi f_0 t}]}_{y(t)}$$
$$= e^{j2\pi f_0 \tau} y(t) \tag{7.34}$$
であり,
$$y(t+\tau) = e^{j2\pi f_0 \tau} y(t) \tag{7.35}$$
となる。ここで,時間変数 t は任意であるから $t=0$ とおいてもよい。すなわち,
$$y(\tau) = y(0) e^{j2\pi f_0 \tau} \tag{7.36}$$
となる。

ここまでは τ を任意の定数として扱ってきたが,任意であるので改めて変数に置き換えても差し支えはない。すなわち,$\tau \to t$ として,
$$y(t) = y(0) e^{j2\pi f_0 t} \tag{7.37}$$
という関係が,線形・時不変システムに対して成立する。こ

図7-14 正弦波入力に対する定常応答出力

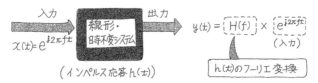

のとき式 (7.37) の $y(0)$ は時間の関数ではなく（先に $t=0$ とおいたので），周波数 f_0 [Hz] の複素正弦波 $e^{j2\pi f_0 t}$ の入力に対する出力に関係する物理量であるから，

$$y(0) = H(f_0) \tag{7.38}$$

とおくことができる。

つまり，最終的には，

$$y(t) = H(f_0)e^{j2\pi f_0 t} \tag{7.39}$$

という関係が導かれる。この式より，$e^{j2\pi f_0 t}$ が入力として加えられたとき，出力には f_0 [Hz] 以外の周波数は生じないことがわかる。この性質は**周波数不変性**と呼ばれる。

以上述べたことから明らかなように，一般に周波数 f [Hz] の正弦波入力に対する定常応答の出力は，式 (7.39) において f_0 [Hz] を変数 f [Hz] とおけばよく，

$$y(t) = H(f)e^{j2\pi f t} \tag{7.40}$$

と表される 図7-14 。

7.7 インパルス応答のフーリエ変換と周波数特性

◆コンボルーションが掛け算に化ける！

周波数不変性に基づき，入出力のコンボルーション関係を利用して，入力 $x(t)=e^{j2\pi f_0 t}$ に対する線形システムの応答出力は，式 (7.24) より，

$$y(t) = \int_{-\infty}^{\infty} e^{j2\pi f_0 \tau} h(t-\tau) d\tau \tag{7.41}$$

となる。ここで，$t-\tau=u$ とおくと，$\tau=t-u$ なので $d\tau=-du$ となり，積分区間は $\int_{-\infty}^{\infty}$ から $\int_{\infty}^{-\infty}$ に変わる。したがって，式 (7.41) は，

$$y(t) = -\int_{\infty}^{-\infty} e^{j2\pi f_0 (t-u)} h(u) du = \int_{-\infty}^{\infty} e^{j2\pi f_0 (t-u)} h(u) du$$

$$= e^{j2\pi f_0 t} \underbrace{\int_{-\infty}^{\infty} h(u) e^{-j2\pi f_0 u} du}_{H(f_0)} = H(f_0) e^{j2\pi f_0 t} \tag{7.42}$$

と表され（ここで $H(f_0)$ を，上記のようにインパルス応答 $h(t)$ のフーリエ変換に等しい，とおいた），式 (7.39) に一致することがわかる。式 (7.42) の積分計算は任意の f_0 について成り立つので，$f_0 \rightarrow f, u \rightarrow t$ と置き換えれば，

$$H(f) = \int_{-\infty}^{\infty} h(t) e^{-j2\pi f t} dt \tag{7.43}$$

が導かれる。

線形システムのインパルス応答 $h(t)$ のフーリエ変換 $H(f)$ は，そのシステムの周波数特性を表すものであり，**システム関数**（あるいは，**伝達関数**）と呼ばれている。

次に，式（7.24）のコンボリューションは線形システムの応答を時間領域で表現するものであるが，周波数領域ではどのように表されるのかを考えてみたい。いま，インパルス応答 $h(t)$ のフーリエ変換を $H(f)$ とする。また，入力信号 $x(t)$ および出力信号 $y(t)$ のフーリエ変換をそれぞれ，

$$X(f) = \mathcal{F}\{x(t)\} = \int_{-\infty}^{\infty} x(t)e^{-j2\pi ft}dt$$

$$Y(f) = \mathcal{F}\{y(t)\} = \int_{-\infty}^{\infty} y(t)e^{-j2\pi ft}dt$$

と表す。これら3つのフーリエ変換 $H(f), X(f), Y(f)$ にどのような関係があるのか，まずは結論を示すと，

$$Y(f) = H(f)X(f) \tag{7.44}$$

となる。すなわち，

「時間領域でコンボリューションとして表される線形システムの入出力関係は，周波数領域ではフーリエ変換の積の形で表される」

ということになる **図7-15**。式（7.44）の関係はたいへんに重要であり，フーリエ変換の特筆すべき性質なので，しっかりと覚えておこう。念のため，式（7.44）が成立する理由を示しておく。

コンボリューションの定義式（7.25）の両辺をフーリエ変換してみる。

$$Y(f) = \mathcal{F}\{x(t) * h(t)\} = \mathcal{F}\left\{\int_{-\infty}^{\infty} x(\tau)h(t-\tau)d\tau\right\}$$

第7章 システム解析の万能ツール,フーリエ変換を使いこなそう!

図7-15 線形システムの入出力関係

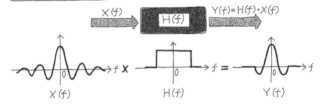

$$= \int_{-\infty}^{\infty} \left\{ \int_{-\infty}^{\infty} x(\tau) h(t-\tau) \mathrm{d}\tau \right\} e^{-j2\pi ft} \mathrm{d}t$$

ここで,積分の順序を変えると(変えてよいことになっている),

$$Y(f) = \int_{-\infty}^{\infty} x(\tau) \left\{ \int_{-\infty}^{\infty} h(t-\tau) e^{-j2\pi ft} \mathrm{d}t \right\} \mathrm{d}\tau$$

$$= \int_{-\infty}^{\infty} x(\tau) \left\{ \int_{-\infty}^{\infty} h(t-\tau) e^{-j2\pi f(t-\tau)} \mathrm{d}t \right\} e^{-j2\pi f\tau} \mathrm{d}\tau$$

と変形される。$e^{-j2\pi f\tau}$ をくくり出す形にしたのは,フーリエ変換式を導くためだ。さらに,$t-\tau=u$ とおくと,$\mathrm{d}t=\mathrm{d}u$ だから,

$$Y(f) = \int_{-\infty}^{\infty} x(\tau) \left\{ \int_{-\infty}^{\infty} h(u) e^{-j2\pi fu} \mathrm{d}u \right\} e^{-j2\pi f\tau} \mathrm{d}\tau$$

となり,{ }内は明らかに1つのフーリエ変換 $H(f)$ とな

る。つまるところ,

$$Y(f) = \int_{-\infty}^{\infty} x(\tau)H(f)e^{-j2\pi f\tau}\mathrm{d}\tau$$

$$= H(f)\int_{-\infty}^{\infty} x(\tau)e^{-j2\pi f\tau}\mathrm{d}\tau$$

$$= H(f)X(f)$$

が得られることになる。したがって,

$$\mathcal{F}\{x(t) * h(t)\} = H(f)X(f) \tag{7.45}$$

と,コンボルーションのフーリエ変換が計算できたというわけである。

ところで,インパルス波形 $\delta(t)$ のフーリエ変換は,

$$\mathcal{F}\{\delta(t)\} = \int_{-\infty}^{\infty} \delta(t)e^{-j2\pi ft}\mathrm{d}t$$

$$= \delta(0)e^{-j2\pi f \times 0} = 1$$

であるので,入力としてインパルス波形を加えたときの応答出力のフーリエ変換は,式(7.44)より,

$$Y(f) = H(f) \tag{7.46}$$

と,システム関数そのものになることが理解される。

◆非常に役立つ「白色雑音」

線形システムの周波数特性,すなわちシステム関数を調べたいときは,大きく3つの方法が考えられる 図7-16 。

(1) インパルス応答を測定し,それをフーリエ変換する方法(式(7.46))
(2) 正弦波を入力信号とする方法(**5.1節**参照)
(3) 白色雑音を用いる方法

第7章 システム解析の万能ツール，フーリエ変換を使いこなそう！

図7-16 システム関数のいろいろな求め方

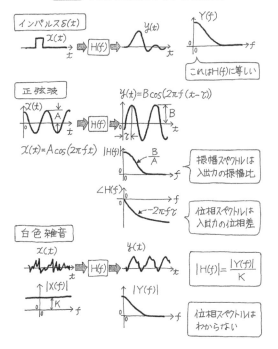

（3）の方法について説明する。白色雑音の振幅スペクトルがあらゆる周波数に対して一定なので（それが白色雑音の定義である），これを入力信号とする手法だ。つまり，

$$|X(f)| = K \tag{7.47}$$

とおけるわけである。また，システム関数の振幅スペクトルは，式（7.44）より

$$|H(f)| = \frac{|Y(f)|}{|X(f)|} \tag{7.48}$$

と表せる。よって，白色雑音に対する出力信号の振幅スペクトル $|Y(f)|$ が測定できれば，式（7.48）に基づき，

$$|H(f)| = \frac{|Y(f)|}{K} \tag{7.49}$$

のように，線形システムの振幅スペクトルが直接得られることになる。

インパルス応答を求めるためには一般的に，十分に幅の狭い方形パルスを入力する必要がある。このとき，システムを正常動作させる範囲内では，入力する方形パルスの電圧に制限がかかる場合，出力電圧の値が小さくなって雑音の中に埋もれてしまうことがある。このような場合には，インパルス応答を求めることが困難なので，白色雑音を入力することによって応答を求める，という方法が用いられるのである。

フーリエ亭のお得だね情報❺ 白色雑音とは？

T子「白色雑音って，何かしら。耳慣れない言葉だわ」

フーリエさん「まず，図7-17 のようなデタラメな波形だと思ってください。これが，インパルス波形と同じように全周波数領域にわたって均一の振幅スペクトルをもっていると言ったら，不思議に思われるかもしれませんね」

M之助「もっとも，無限大の周波数を含む波形を描くことは実際には不可能なので，厳密には 図7-17 の波形は，有限な周波数領域で均一なスペクトルを有する信号と言わなくてはならないんだ」

フーリエさん「実は，このデタラメな波形の振幅スペクトルは，確かに均一ではあるんですが，位相スペクトルはまったくデタラメなんです。インパルス波形の位相スペクトルは全周波数領域にわたって0でしたが，それが乱れてしまうと，図7-17 のように時間領域ではまったく異なる形状の波形になってしまうのです（位

第7章 システム解析の万能ツール，フーリエ変換を使いこなそう！

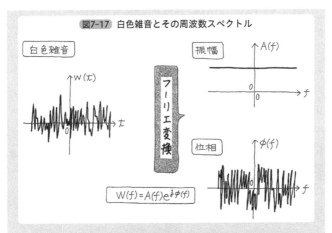

図7-17 白色雑音とその周波数スペクトル

相も重要ですね）。このデタラメな信号は，白色光が位相の乱れたさまざまな色の配合によってできていることに由来して，**白色雑音（ホワイト・ノイズ）**と呼ばれています」

K男「インパルス波形と白色雑音，この似て非なる2つの信号が，上のように信号解析で重要な働きを担っているなんて，なんだか不思議な気がするね」

7.8 線形システムの周波数選択性（フィルタリング・システム）

◆フーリエ変換でわかる，フィルタの作り方

あるシステムに入力された信号の波が出力されるときに

は，その振幅や位相にシステム特有の変形（重みづけ）が加えられることがある。これをシステムの**周波数選択性**という。ここでは，線形システムの周波数選択性について，正弦波入力に対する出力とフーリエ変換との関連性を説明する。

まず，周波数が f_0 [Hz] で最大振幅値が1の正弦波入力を考える。すなわち，

$$x(t) = \cos(2\pi f_0 t) \tag{7.50}$$

という cos 波入力に対して，式 (7.26) の線形システムの基本式より，出力は，

$$y(t) = \int_{-\infty}^{\infty} \cos\{2\pi f_0(t-\tau)\} h(\tau) \mathrm{d}\tau \tag{7.51}$$

となる。続けてオイラーの公式を適用すれば，

$$\begin{aligned} y(t) &= \int_{-\infty}^{\infty} \frac{e^{j2\pi f_0(t-\tau)} + e^{-j2\pi f_0(t-\tau)}}{2} \cdot h(\tau) \mathrm{d}\tau \\ &= \frac{1}{2} e^{j2\pi f_0 t} \int_{-\infty}^{\infty} e^{-j2\pi f_0 \tau} h(\tau) \mathrm{d}\tau \\ &\quad + \frac{1}{2} e^{-j2\pi f_0 t} \int_{-\infty}^{\infty} e^{-j2\pi(-f_0)\tau} h(\tau) \mathrm{d}\tau \end{aligned} \tag{7.52}$$

と式変形される。

ここで，インパルス応答 $h(t)$ のフーリエ変換 $H(f)$ は，式 (7.43) の定義式の積分変数 t を τ と置いて，

$$H(f) = \int_{-\infty}^{\infty} h(\tau) e^{-j2\pi f \tau} \mathrm{d}\tau$$

であるから，式 (7.52) は，

$$y(t) = \frac{1}{2} e^{j2\pi f_0 t} H(f_0) + \frac{1}{2} e^{-j2\pi f_0 t} H(-f_0) \tag{7.53}$$

と表される。

また，$H(f_0)$ は一般に複素関数であり，極形式で表すと，
$$H(f_0) = |H(f_0)|e^{j\theta(f_0)} \tag{7.54}$$
となるので，式（7.53）は，
$$y(t) = \frac{1}{2}e^{j2\pi f_0 t}|H(f_0)|e^{j\theta(f_0)}$$
$$+ \frac{1}{2}e^{-j2\pi f_0 t}|H(-f_0)|e^{j\theta(-f_0)} \tag{7.55}$$
と表される．さらに，絶対値 $|H(f_0)|$ は振幅スペクトルで，また偏角 $\theta(f_0)$ は位相スペクトルであるが，前者は偶関数，後者は奇関数なので，
$$|H(-f_0)| = |H(f_0)| \tag{7.56}$$
$$\theta(-f_0) = -\theta(f_0) \tag{7.57}$$
という関係が成り立つ．これらを式（7.55）に代入して，
$$y(t) = \frac{1}{2}e^{j2\pi f_0 t}|H(f_0)|e^{j\theta(f_0)} + \frac{1}{2}e^{-j2\pi f_0 t}|H(f_0)|e^{-j\theta(f_0)}$$
$$= |H(f_0)|\frac{e^{j\{2\pi f_0 t + \theta(f_0)\}} + e^{-j\{2\pi f_0 t + \theta(f_0)\}}}{2}$$
$$= |H(f_0)|\cos\{2\pi f_0 t + \theta(f_0)\} \tag{7.58}$$
となる．つまり，ある線形システムに周波数 f_0 の正弦波を入力したとき，その出力は，入力をインパルス応答 $h(t)$ の振幅スペクトル $|H(f_0)|$ 倍した大きさで，$h(t)$ の位相スペクトル $\theta(f_0)$ [rad] だけずれた正弦波になるのである**図7-18**．

なお，式（7.58）の cos 項は，
$$\cos\{2\pi f_0 t + \theta(f_0)\} = \cos\left\{2\pi f_0\left(t + \frac{\theta(f_0)}{2\pi f_0}\right)\right\} \tag{7.59}$$

図7-18 線形システムの正弦波に対する入出力応答波形

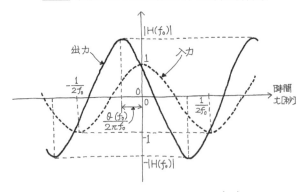

となることから，時間的には入力信号が $\dfrac{\theta(f_0)}{2\pi f_0}$ [秒] だけずれることを意味している。

ナットク の例題7-3

図7-19 のように，振幅特性 $H(f)$ が $-W < f < W$ [Hz] の周波数範囲で，
$$K\left\{1 + \cos\left(\frac{\pi f}{W}\right)\right\}$$
であるシステムに $x(t) = X_0 \cos(2\pi f_0 t)$ を入力したとき，入力

図7-19 システムの周波数特性（例題7-3）

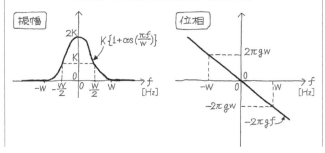

第7章 システム解析の万能ツール，フーリエ変換を使いこなそう！

$x(t)$ と出力 $y(t)$ の関係式を示せ。ただし，入力 $x(t)$ のスペクトルも $-W$ から W [Hz] の範囲に制限されており，システムの位相特性は周波数 f [Hz] に対して直線的に変化するものとする。

> **答えはこちら**
>
> まず，入力が何倍されて出力されるのか（振幅）は，題意より，
>
> $K\left\{1+\cos\left(\dfrac{\pi f_0}{W}\right)\right\}$ [倍]
>
> と得られる。また，入力と出力の位相差は，
>
> $-2\pi g f_0$ [rad]
>
> なので，最終的に出力 $y(t)$ は，
>
> $$\begin{aligned} y(t) &= KX_0\left\{1+\cos\left(\dfrac{\pi f_0}{W}\right)\right\}\cos\left(2\pi f_0 t - 2\pi g f_0\right) \\ &= K\left\{1+\cos\left(\dfrac{\pi f_0}{W}\right)\right\}X_0\cos\left\{2\pi f_0(t-g)\right\} \\ &= K\left\{1+\cos\left(\dfrac{\pi f_0}{W}\right)\right\}x(t-g) \end{aligned}$$
>
> と表され，入力の $K\left\{1+\cos\left(\dfrac{\pi f_0}{W}\right)\right\}$ 倍された信号が g [秒] 遅れて出力されることがわかる。

◆コンボルーションを確かめたい

次は，周波数領域におけるスペクトル分析に基づき，線形システムを解析してみよう。まず，入力信号 $x(t)=\cos(2\pi f_0 t)$ $=\dfrac{1}{2}e^{j2\pi f_0 t}+\dfrac{1}{2}e^{-j2\pi f_0 t}$ をフーリエ変換して周波数スペクトルを計算すると，式 (6.41) を適用することにより，

$$X(f) = \dfrac{1}{2}\delta(f-f_0)+\dfrac{1}{2}\delta(f+f_0) \tag{7.60}$$

となる。また，出力信号 $y(t)$ は出力信号スペクトルの逆フ

ーリエ変換として,

$$y(t) = \int_{-\infty}^{\infty} Y(f)e^{j2\pi ft} \mathrm{d}f = \int_{-\infty}^{\infty} H(f)X(f)e^{j2\pi ft} \mathrm{d}f \tag{7.61}$$

であり，式 (7.60) を代入すると,

$$\begin{aligned} y(t) &= \frac{1}{2}\int_{-\infty}^{\infty} H(f)\delta(f-f_0)e^{j2\pi ft} \mathrm{d}f \\ &\quad + \frac{1}{2}\int_{-\infty}^{\infty} H(f)\delta(f+f_0)e^{j2\pi ft} \mathrm{d}f \\ &= \frac{1}{2}H(f_0)e^{j2\pi f_0 t} + \frac{1}{2}H(-f_0)e^{-j2\pi f_0 t} \end{aligned} \tag{7.62}$$

となり，式 (7.53) に一致することがわかる。

したがって，周波数スペクトルの積から逆フーリエ変換して算出した時間波形が時間領域のコンボリューションで求めたものと同じになり，式 (7.44) が成立することが確認されたのである。

7.9 ひずみのない波形伝送

◆情報通信に重要な周波数スペクトル

情報通信においては，情報理論の理解はもちろん必要であるが，情報を伝達する手段として物理的な量の変化を利用するので，その性質も知っておかなければならない。たとえ

第7章 システム解析の万能ツール，フーリエ変換を使いこなそう！

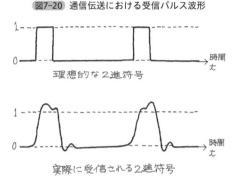

図7-20 通信伝送における受信パルス波形

ば，通信ケーブルを流れる電流，光ファイバを通る光線，空中を飛ぶ電波，空気の振動である音などの物理的な知識も必要である．これら情報伝達メディア（電流，光，電波，音）の個別的な性質は多岐にわたるので，ここではすべてのメディアに共通する抽象的な性質について考察する．

たとえば，'0' と '1' の2進符号も実際の通信ではパルス波形として送信されるので，図7-20 の下図のようにひずんだ波形になってしまう．工学的な立場から考えれば，
「ひずみはどうすれば小さくできるか？」
「どの程度のひずみが許されるか？」
などの問題が重要である．

◆通信からひずみをなくしたい！

ひずみのない波形伝送（**無ひずみ伝送**）とは，入力波形と出力波形が相似形になることをいう．ここで，相似形とは，入力波形が一定の時間 t_0 ［秒］だけの遅延を受け，かつ定数 A_0 倍されて出力波形となることを意味する．なお，無ひず

み伝送を「忠実な伝送」と呼ぶこともある。

いま，入力波形の周波数スペクトルが，

$$|X(f)| = 0 \quad ; |f| \geqq W \tag{7.63}$$

と帯域制限されているとする。さらに，システムの周波数特性 $H(f) = A(f)e^{j\theta(f)}$ が $-W < f < W$ の周波数範囲で，A_0 と t_0 は定数として，

振幅条件：$A(f) = |H(f)| = A_0$ (7.64)

位相条件：$\theta(f) = \angle H(f) = -2\pi f t_0$ (7.65)

を満たす場合を考える。このときの出力波形は，

$$y(t) = \int_{-\infty}^{\infty} A_0 X(f) e^{j2\pi f(t-t_0)} df$$

$$= A_0 \int_{-\infty}^{\infty} X(f) e^{j2\pi f(t-t_0)} df$$

$$= A_0 x(t-t_0) \tag{7.66}$$

となって，ひずみのない波形伝送が行われる 図7-21 。

逆に，出力が式（7.66）となるためには，式（7.64）と式（7.65）が同時に成立する必要があり，無ひずみ伝送の必要十分条件となる。なお，式（7.66）の入出力関係は帯域外（$|f| \geqq W$）に対して何ら制約を受けないわけで，その周波数

図7-21 ひずみのない波形伝送

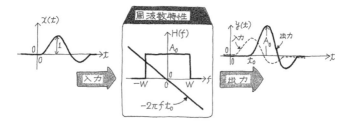

第7章 システム解析の万能ツール,フーリエ変換を使いこなそう!

範囲でシステムがどのような特性をもっていようとも,出力応答波形に影響は生じない.

◆ひずみがあったら,どうなるか

ところで,式(7.66)の無ひずみ条件が満たされないときは,システムは波形ひずみ(あるいは伝送ひずみ)を生じたという.波形ひずみが発生する要因は,振幅特性が一定でないこと,および位相特性が直線でないことの2つである.帯域内 $|f|<W$ で振幅特性が一定でないとき,「システムは振幅ひずみをもつ」といい,位相特性が直線でないとき,「位相ひずみをもつ」という.ここでは,振幅ひずみをもつシステムを例に,ひずみがないときとあるときとの出力波形の差を求めてみたい.

まず,システムに位相ひずみがなく,正弦波状の振幅ひずみのみが存在するとし,

$$\begin{cases} A(f) = A_0 + \varepsilon \cos(2\pi f \sigma_0) \\ \theta(f) = -2\pi f \tau_0 \end{cases} \quad (7.67)$$

とおくことにする **図7-22** .ただし,ε は A_0 に比べて小さいものとし,σ_0 と τ_0 は時間のディメンション(単位)[秒]をもつ定数である.

次に,式(7.67)を式(7.61)に代入して出力信号 $y(t)$ を求めると,

$$\begin{aligned} y(t) &= \int_{-\infty}^{\infty} \{A_0 + \varepsilon \cos(2\pi f \sigma_0)\} e^{-j2\pi f \tau_0} X(f) e^{j2\pi f t} df \\ &= \int_{-\infty}^{\infty} \left\{ A_0 + \varepsilon \left(\frac{e^{j2\pi f \sigma_0} + e^{-j2\pi f \sigma_0}}{2} \right) \right\} e^{-j2\pi f \tau_0} X(f) e^{j2\pi f t} df \end{aligned}$$

図7-22 正弦波状の振幅ひずみ（線形位相特性）

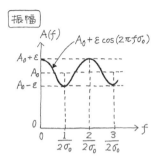
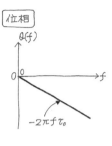

$$= \int_{-\infty}^{\infty} \left\{ A_0 + \frac{\varepsilon}{2} e^{j2\pi f \sigma_0} + \frac{\varepsilon}{2} e^{-j2\pi f \sigma_0} \right\} e^{-j2\pi f \tau_0} X(f) e^{j2\pi f t} \mathrm{d}f$$

$$= A_0 \int_{-\infty}^{\infty} X(f) e^{-j2\pi f(t-\tau_0)} \mathrm{d}f$$

$$+ \frac{\varepsilon}{2} \int_{-\infty}^{\infty} X(f) e^{j2\pi f(t-\tau_0+\sigma_0)} \mathrm{d}f$$

$$+ \frac{\varepsilon}{2} \int_{-\infty}^{\infty} X(f) e^{j2\pi f(t-\tau_0-\sigma_0)} \mathrm{d}f$$

と表される。ここで，

$$\int_{-\infty}^{\infty} X(f) e^{-j2\pi f(t-\tau_0)} \mathrm{d}f = x(t-\tau_0),$$

$$\int_{-\infty}^{\infty} X(f) e^{-j2\pi f(t-\tau_0+\sigma_0)} \mathrm{d}f = x(t-\tau_0+\sigma_0),$$

$$\int_{-\infty}^{\infty} X(f) e^{-j2\pi f(t-\tau_0-\sigma_0)} \mathrm{d}f = x(t-\tau_0-\sigma_0)$$

であるので，最終的に出力 $y(t)$ は，

第7章 システム解析の万能ツール，フーリエ変換を使いこなそう！

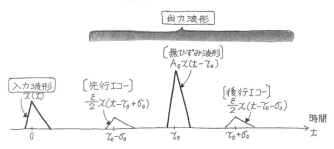

図7-23 エコーの発生

$$y(t) = A_0 x(t-\tau_0) + \frac{\varepsilon}{2} x(t-\tau_0+\sigma_0) + \frac{\varepsilon}{2} x(t-\tau_0-\sigma_0)$$

(7.68)

と求められる。

この結果から，**図7-23** のように無ひずみ波形の前後に一対の相似波形が波形ひずみとして生ずることがわかる。この一対の波形ひずみは，**エコー**と呼ばれている。

このとき，無ひずみ波形に対してエコーの生ずる相対的な時間位置は，振幅ひずみの周期 σ_0 で決まる。σ_0 が大きいほど（振幅ひずみの変化が急激なほど），エコーは無ひずみ波形から離れて遠くの位置に発生する。また，エコーの大きさは振幅ひずみの最大値 ε の半分の $\varepsilon/2$ となっていることも知っておいてほしい。

フーリエ亭の
お得だね情報❻

カラオケでエコーを効かせると……

フーリエさん「実は，このひずみ（エコー）も役に立たないわけではないのです。いま，式 (7.67) を拡張して，複数の振幅ひずみ

をもつシステムを考えてみましょう。すなわち,

$$\begin{cases} A(f) = A_0 + \varepsilon_0 \cos(2\pi f \sigma_0) + \varepsilon_1 \cos(2\pi f \sigma_1) \\ \qquad\quad + \varepsilon_2 \cos(2\pi f \sigma_2) + \cdots \\ \theta(f) = -2\pi f \tau_0 \end{cases}$$

とすると,出力 $y(t)$ は,

$$y(t) = A_0 x(t-\tau_0) + \frac{\varepsilon_0}{2} x(t-\tau_0+\sigma_0) + \frac{\varepsilon_0}{2} x(t-\tau_0-\sigma_0)$$
$$+ \frac{\varepsilon_1}{2} x(t-\tau_0+\sigma_1) + \frac{\varepsilon_1}{2} x(t-\tau_0-\sigma_1)$$
$$+ \frac{\varepsilon_2}{2} x(t-\tau_0+\sigma_2) + \frac{\varepsilon_2}{2} x(t-\tau_0-\sigma_2)$$
$$\vdots$$

と表されます。エコーが多数発生しているので,これをうまく利用すればカラオケのエコー回路に使えるかもしれませんね。

システムの周波数特性のひずみからエコーが生まれるというのは,何だか不思議な感じでしょう。……といったところで,このフーリエ亭のお得だね情報もおしまいとさせていただきましょう 図7-24」

T子 「でもね,ちょっと待って。フーリエさんが作り出したカラオケ・マシン,素晴らしいわ! オンチな私が歌っても,プロ歌手並みにうまく聞こえるもの。豪華ステージの上で歌っているような気分!」

K男 「お風呂で歌ってる感じもして,心地いいね。日頃のストレス解消にもなって,いつになく爽快だ。これもカラオケ・マシンの効能だよ」

フーリエさん 「銭湯などの大きな空間のお風呂で歌うと気分が乗ってくる理由は,先ほどお話ししたエコーのおかげなんです。つまり,閉じられた空間での残響音のおかげであり,実は歌が上手になったわけではありません。もともとの声は,相変わらず調子っぱずれのままです,残念ながら」

M之助 「フーリエさんはすごい,ホントにすごいよな。僕の何の変哲もない歌声が,演歌らしく聞こえるもの。不思議だなぁ」

第 7 章　システム解析の万能ツール，フーリエ変換を使いこなそう！

フーリエさん　「私は，あらん限りの知識と知恵を総動員して，このカラオケ・マシンを作り出したわけです。自慢話はこれにて終了とします。これからも老体にむち打って，フーリエ変換を利用した信号処理の研究に打ち込んでいくつもりです。みなさ～ん，どんな発明品が生まれるか，首を長くして待っていてください。では，さようなら」

図7-24　フーリエ亭でのカラオケ三昧でおしまい

参考文献

(1) 三谷政昭:『信号解析のための数学 —— ラプラス変換, z変換, DFT, フーリエ級数, フーリエ変換』　森北出版(1998年)

(2) 三谷政昭:『やり直しのための信号数学 —— DFT, FFT, DCTの基礎と信号処理応用』　CQ出版(2004年)

(3) 三谷政昭:『今日から使えるラプラス変換・z変換』　講談社(2011年)

(4) 安居院猛・中嶋正之:『FFTの使い方』　秋葉出版(1986年)

(5) A. パポリス, 大槻喬・平岡寛二監訳:
『工学のための応用フーリエ積分』　オーム社(1967年)

(6) 篠崎寿夫・松浦武信:『ラプラス変換とデルタ関数』
東海大学出版会(1981年)

(7) 小川智哉監修, 渋谷道雄・渡邊八一:『Excelで学ぶフーリエ変換』
オーム社(2003年)

(8) 雨宮好文監修, 佐藤幸男:『信号処理入門』　オーム社(1987年)

(9) 藤田広一:『基礎情報理論』　昭晃堂(1969年)

(10) F.R. コナー, 関口利男・辻井重男監訳, 高原幹夫訳:
『変調入門』　森北出版(1985年)

(11) F.R. コナー, 関口利男・辻井重男監訳, 鎌田一雄訳:
『信号入門』　森北出版(1985年)

(12) 佐川雅彦・辻井重男:『基礎回路解析』　共立出版(1975年)

(13) 三谷政昭:『入門ディジタル信号処理』　オーム社(1991年)

(14) 萩原将文:『ディジタル信号処理』　森北出版(2001年)

(15) 三谷政昭:『やり直しのための工業数学　情報通信と信号解析 —— 暗号, 誤り訂正符号, 積分変換』　CQ出版(2001年)

(16) 西村芳一:『RISC CPU(SH2)で実現するDSP処理のノウハウ —— 変復調／フィルタ／FFT／SBC／DCT』　CQ出版(2000年)

(17) 松田稔:『ディジタル信号処理入門』　日刊工業新聞社(1984年)

索引

あ

arctan（アークタンジェント） ……98
アナログ信号 ……48
アナログフーリエ変換 ……205, 214
アンプ ……201
位相スペクトル ……217
1次元信号 ……41
インパルス応答 ……304
インパルス波形 ……222
エコー ……327
FFT ……218
MP3 ……71
MPEG ……71
オイラーの公式 ……123

か

ガウス波形 ……221
ガウス平面 ……88
角周波数 ……113, 119
角速度 ……114, 119
奇関数 ……234
ギブスの現象 ……206
基本周波数 ……148
基本波 ……199
逆フーリエ変換 ……20, 30, 68, 157
極座標 ……90, 97

虚数 ……81
虚数単位 ……53, 81, 104
虚数部 ……53
偶関数 ……234
区分求積法 ……136, 138
グラフィック・イコライザ ……178
高調波 ……199
交流 ……109
cos（コサイン） ……93
cos波 ……45
コンボリューション ……301

さ

sin（サイン） ……93
雑音除去 ……23, 168
三角関数 ……92, 235
三角波（三角パルス波） ……220, 274
サンプリング間隔 ……51
サンプリング関数 ……215, 271
サンプリング周波数 ……139
JPEG ……71
sgn（シグナム） ……276
システム解析 ……286
システム関数 ……312
システムの安定性 ……296
システムの因果性 ……296
システムの時不変性 ……295

システムの周波数選択性 ……317
システムの周波数不変性 ……310
システムの線形性 ……295
自然対数の底 ……90, 123
実数部 ……53
周期 ……47, 113, 120
周波数 ……43, 47, 113
周波数スペクトル
　……61, 211, 217
周波数特性 ……201
信号 ……38
信号処理 ……37, 38
信号値 ……43
振幅スペクトル ……213, 217
振幅変調 ……259
ステップ波形 ……279
スペクトル・アナライザ ……201
スペクトル解析 ……198
正弦波 ……258
正の周波数 ……131
正負対方形波 ……220
絶対値 ……90
z変換 ……283
線形システム ……292
センサ ……39
相関関数 ……209

た

対称波形 ……234

多項式近似 ……189
tan（タンジェント）……93
直流 ……44
直交座標 ……87, 97
DCT ……235
ディジタル信号 ……48
ディジタルフーリエ変換
　……52, 145
データ圧縮 ……71
デルタ関数 ……222
伝達関数 ……312
電話 ……183

な

波の重ね合わせ ……58
ネピアの数 ……123

は

白色雑音 ……317
パルス波形 ……211
パルス被変調波信号 ……272
搬送波 ……259
反対称波形 ……234
ビストロ・フーリエ亭 ……16
ひずみ ……323
標本化関数 ……215
ファラデーの電磁誘導の法則
　……110
フィルタリング ……172
フーリエ級数 ……148

フーリエ係数 ……148
フーリエ変換
　……19, 30, 51, 134, 148, 214
フーリエ変換対 ……230
フーリエ変換の時間尺度変換
　……251
フーリエ変換の時間遅延 ……256
フーリエ変換の周波数尺度変換
　……254
フーリエ変換の周波数偏移
　……258
フーリエ変換の線形性 ……245
フーリエ変換の対称性 ……246
フーリエ変換の比例性 ……244
複素共役 ……68
複素数 ……53, 82, 105
複素正弦波 ……258, 266
複素表示 ……125
複素平面 ……88
符号関数 ……276
負の周波数 ……131
プリズム ……216
べき級数 ……193
べき級数展開 ……193
ベクトル ……84
ベクトル和 ……86
ヘビサイド関数 ……279
偏角 ……90
変数一括消去法 ……66
変調 ……259

方形波 ……218

マクローリン展開 ……193
無ひずみ伝送 ……323

有向線分 ……84

リーマン和 ……136, 137

N.D.C.413　　333p　　18cm

ブルーバックス　B-2093

今日から使えるフーリエ変換　普及版
式の意味を理解し、使いこなす

2019年4月20日　　第1刷発行
2024年9月13日　　第3刷発行

著者	三谷政昭（みたにまさあき）	
発行者	森田浩章	
発行所	株式会社講談社	
	〒112-8001　東京都文京区音羽2-12-21	
電話	出版　　03-5395-3524	
	販売　　03-5395-4415	
	業務　　03-5395-3615	
印刷所	(本文表紙印刷) 株式会社KPSプロダクツ	
	(カバー印刷) 信毎書籍印刷株式会社	
製本所	株式会社KPSプロダクツ	

定価はカバーに表示してあります。
©三谷政昭　2019, Printed in Japan
落丁本・乱丁本は購入書店名を明記のうえ、小社業務宛にお送りください。送料小社負担にてお取替えします。なお、この本についてのお問い合わせは、ブルーバックス宛にお願いいたします。
本書のコピー、スキャン、デジタル化等の無断複製は著作権法上での例外を除き禁じられています。本書を代行業者等の第三者に依頼してスキャンやデジタル化することはたとえ個人や家庭内の利用でも著作権法違反です。
Ⓡ〈日本複製権センター委託出版物〉複写を希望される場合は、日本複製権センター（電話03-6809-1281）にご連絡ください。

ISBN978-4-06-515500-4

発刊のことば

科学をあなたのポケットに

二十世紀最大の特色は、それが科学時代であるということです。科学は日に日に進歩を続け、止まるところを知りません。ひと昔前の夢物語もどんどん現実化しており、今やわれわれの生活のすべてが、科学によってゆり動かされているといっても過言ではないでしょう。

そのような背景を考えれば、学者や学生はもちろん、産業人も、セールスマンも、ジャーナリストも、家庭の主婦も、みんなが科学を知らなければ、時代の流れに逆らうことになるでしょう。

ブルーバックス発刊の意義と必然性はそこにあります。このシリーズは、読む人に科学的に物を考える習慣と、科学的に物を見る目を養っていただくことを最大の目標にしています。そのためには、単に原理や法則の解説に終始するのではなくて、政治や経済など、社会科学や人文科学にも関連させて、広い視野から問題を追究していきます。科学はむずかしいという先入観を改める表現と構成、それも類書にないブルーバックスの特色であると信じます。

一九六三年九月

野間省一